U0005918

東方宇宙三部曲

EAST COSMOLOGY PHYSICS

東方宇宙三部曲之三

宇宙公式

作者：蔡志忠
責任編輯：湯皓全
美術編輯：何萍萍
校對：呂佳真
法律顧問：董安丹律師、顧慕堯律師
出版者：大塊文化出版股份有限公司
台北市105022南京東路四段25號11樓
www.locuspublishing.com
讀者服務專線：0800-006689
TEL：(02) 87123898　FAX：(02) 87123897
郵撥帳號：18955675　戶名：大塊文化出版股份有限公司

總經銷：大和書報圖書股份有限公司
地址：新北市新莊區五工五路2號
TEL：（02）89902588（代表號）　FAX：（02）22901658
排版：天翼電腦排版印刷有限公司
製版：瑞豐實業股份有限公司
初版一刷：2010年12月
初版四刷：2021年4月

精裝全套定價：新台幣1500元（不分售）
Printed in Taiwan

東方宇宙三部曲之三

宇宙公式

FORMULA FOR THE UNIVERSE

蔡志忠◎文・圖

獻　詞

謹以此書獻給我的小學老師：李再興老師

上小學時，李再興老師說：「學問就是要學、要問！課堂上不懂，上課時問；課外問題不懂，下課後問。」於是我一有不懂的問題便問李老師，問到他只要看到我便刻意閃開！因為他還欠我還沒有回答的二十三個問題。李老師教我學習最重要的是要問問題，同時他也展現出不知道就說不知道的正確治學態度。我因而養成從小就很愛自己問自己問題的習慣，無論是人生或是宇宙、物理、時間等問題，也養成自己的問題自己尋找答案的習慣。

謝謝老師！

目錄

序

藝術與科學的美麗結合

台灣大學數學系教授　蔡聰明

我今高聲入青雲，靜待春雷第一聲。

——尼采（1844–1900）

數學是我的專業，數學教育是我關切的主題之一。如何將抽象與深奧的數學以生動的方式呈現出來，一直都在我的念中。因此我很用心地寫了一些東西，嘗試要把數學變得有趣，以利於年輕學子的學習。我也讀過市面上一些漫畫數學的書籍，但是並不滿意，只覺得漫畫可能是表現數學的一個不錯的方便之門。然而，要如何實現，對我卻是一個大難題。

2001 年 2 月的某一天，我突然接到陌生人蔡志忠的電話，約我在 2 月 16 日見面。第一次見面，他就談到要把數學變成漫畫的雄心壯志，有心要為年輕學子學習數學貢獻心力（社會養育他，他要回饋社會），這讓我非常感動。

我記得二月天雖然有些寒冷，但是內心是溫熱的、激動的，真正感受到藝術家的熱情與想像力，充滿著智性幽默。從此，我由他的讀者變成他的朋友，開始近距離認識他，互相學習，互相激勵。這是我這一生的奇遇。

後來才漸漸知道他在 1998 年開始閉關鑽研物理學。偶爾聽他談論心得，談到得意處，眉飛色舞，自信滿滿。我對他雖然偶有質疑，甚至跟他爭執，但是我仍然欣賞他的「頂真」精神。

現在他終於要交出成果，留下他努力追尋的足跡。站在朋友的立場，我要向他祝賀。然而，我是物理學的門外漢，僅能把我對他的瞭解介紹給讀者。

從小就喜愛思考

蔡志忠開竅很早，從小就喜愛思考，小學三年級立志要當漫畫家。之後，「思考」成為他的核心，現在已達到「享受思考的樂趣」（the joy of thinking）之境界。

他是一位漫畫家，觀察敏銳是必要條件。對稱性思考、逆向思考、非習慣性思考等奇思妙想更是他的家常便飯。

他同時擁有顯微鏡與望遠鏡的觀點，能夠切入事物的直觀無限細部，又能夠精準地抓住整體大域的神韻。

如果幸福就是從小就知道自己將來要做什麼，並且心想事成、實現目標，那麼蔡志忠就是一位幸福的人。他隨時都知道自己要做什麼，自己在做什麼。

自學成功的典範

蔡志忠是一位自學成功的人，學習能力高強，他完全體現了學習的精義，那就是「儘早學會自己獨立學習」。事實上，一個人的學問幾乎都是自學及終身學習得來的，經過消化才變成自己的血肉。

在物理學史上，自學成功最著名的人非英國的法拉第（Faraday, 1791–1867）莫屬。他是印刷廠的裝訂學徒出身，利用工作之餘讀剛裝訂好的書，並且努力研究電磁學，終於成為一位偉大的物理學家。愛因斯坦的書房就掛著法拉第的畫像。法拉第發現電與磁互相感應，是一體的兩面。

英國女王問他：你的這個發現有什麼用處？
他反問女王：女王陛下，女人生孩子有什麼用處？

另一個說法是，他回答道：女王陛下，將來你可以靠我的發現，抽到很多的稅。

現在這句話已經完全應驗，我們很清楚：沒有電磁學就沒有今日的電腦資訊時代。蔡志忠的實踐力是第一流的，他自學的成果是：畫了大約 300 本漫畫，翻譯成 44 國的語言，銷售 4 千萬冊，得過 130 個大獎。目前還累積有將近 1000 本的草稿，他的創作力實在驚人。他不是著作等身，而是著作大於身！

聚焦、創意、滿腦子的 ideas

蔡志忠是一位實現自我、自由自在的覺者，即佛家所說的「覺者」。他自覺地活在當下，面對神秘的未知與忽隱忽現的美，他是捕捉與創造的高手。他經常能夠化尋常為不尋常，化腐朽為神奇，點石成金。他專注、聚焦，對於工作樂在其中。

他說：當你聚焦於一個論題、一個工作時，連死神都會怕你！

古希臘的數學家畢達哥拉斯（Pythagoras，西元前 6 世紀）把哲學與數學當作一種生活方式（a way of life），透過哲學與數學的探索與研究，以達到淨化靈魂、提升心靈、獲得智慧的靈修路徑。這就是畢達哥拉斯獨創的「數學教」。

對於蔡志忠來說，漫畫就是他的一種生活方式，完全融入他的生活之中，像呼吸一樣自然。

因此他又說：真正的漫畫家是沒有畫漫畫會死。

畫家梵谷「將熱情化身為色彩，靈魂化身為形象」，而蔡志忠則是：將熱情化身為彩筆，靈魂化身為漫畫。他每天為思考與創作而工作，真正是一位整個身體與靈魂都為創作漫畫而活的人。

平地一聲驚雷

蔡志忠多才多藝：從電影、卡通、橋牌、漫畫、銅佛、佛學、禪宗思想到古代經典，無一不精通。

他崇拜愛因斯坦（Einstein, 1879–1955），今年來更努力於研究最嚴格的兩門學問：物理學與數學。藝術與科學同源，並且都是創造想像力的實現，只不過表現的工具與方式不同而已。藝術的狂想要受美的制約，數學的想像最終要通過邏輯（計算與證明）的考驗。而物理學更嚴苛，除了要受邏輯的制約，還要接受實驗的檢驗，大自然是物理理論成立與否的最終裁判者。

然而，蔡志忠不畏艱難，要用最受一般人喜愛的漫畫來載道，載「物理之道」與「數學之道」，化抽象為具體的圖像，把真與美結合起來。他敢於挑戰一般人認為最困難的事情，這就是浪漫與勇氣。若沒有滿懷的熱情（passions）和毅力，這是辦不到的。

現在他要開始交出成果，第一本是《時間之歌》，後續還會有源源不絕的作品，像清泉般汩汩流出。讓我們拭目以待。對於這麼勤奮用功、努力創作並且勇於實現夢想的人，我們除了敬佩之外，就是屏息靜待「平地一聲驚雷」！

物理的驚心動魄

最後我要引述物理學家狄拉克（Dirac, 1902–1984，在 1933 年獲得諾貝爾物理學獎）的一段對話，來跟讀者分享並且互相勉勵。

有人問物理大師狄拉克：

物理學何時終結？
亦即什麼問題解決了之後，
物理學就會到達最後的統合，
使得往後物理學的工作只是細節的處理，
多算小數點之後幾位數字就好了。

狄拉克答道：

我不認為可以回答這樣的問題。
事實上，我不知道！
我只知道物理學家在未知的領域中前進，
但不知道會到達什麼地方。
這使得物理學是如此的迷人和驚心動魄！

再問：你現在仍然感覺到物理的驚心動魄嗎？

答：那當然！那當然！

問：物理的理論與觀測具有什麼關係？

答：最重要的是，先要有一個漂亮的理論。如果觀測的結果與理論不合，不要太快灰心喪志，稍微等待一下，看看觀測中是否含有錯誤未顯現。

問：如何欣賞物理的美？

答：你就直接去感覺它。正如繪畫與音樂的美一樣，你無法描述它，但它確實存在。如果你感受不到，那麼你只好自己承認，沒有人能夠為你解釋。如果一個人無法欣賞音樂的美，那麼你又能對他怎麼樣？不要理會他就是了。

問：理論的念頭從何而來？

答：你只能嘗試想像宇宙可能會怎樣。

2005 年 11 月 4 日

自序

什麼是我所認為的宇宙？

蔡志忠

我們成為了什麼，是因為我們自己怎麼想！
我想，故我成為。
我們抵達目標，是因為我們先有夢想，
然後由夢中醒來，以實際行動將夢想實現。

我出生在台灣中部三家村裡的一個天主教家庭。在淳樸鄉民的眼中，不信仰觀音、媽祖、關公、土地公，而去信仰外國的天主是一件非常奇怪的事。

我家信仰天主教的原因是：離我們家鄉很遠很遠的田中鎮，有一位名叫葉舉的老裁縫，想改行當天主教專業傳道士，員林教區的美國柯神父告訴他，如果能傳教讓十戶人家改信天主，就讓他成為專職傳道士。也不知道是什麼原因，讓他選擇到我們村子來傳教，由於葉先生跟我的父親熟識，為了成全他，我家便成為改信天主教的第十戶。父親只是為了挺朋友才受洗成為教徒，但從來都不念經祈禱上教堂。我的母親則把天主當成外國的城隍爺、玄天上帝來崇拜，她相信只要虔誠念經祈禱，便能得到天主的庇佑，而受影響最大的則是剛剛出生的我！

我自一出生便受洗成為天主教徒，每個禮拜天媽媽會抱著我到員林教堂望彌撒。我從一歲開始，每天便跟著 6 歲的二哥和很多教友小孩們，一起到村子裡新蓋的小教堂上道理班。

在學習的兩年半中，老傳道士葉舉除了教我們背誦《天主經》、《聖母經》、《玫瑰經》和上教堂辦告解、望彌撒、領聖體等儀軌外，還每天花兩個鐘頭講解《聖經》，由《舊約》第一卷的《創世記》，神說：「要有光！」於是就有了光，講到《新約》耶穌復活。由於我還不認識字，只能以畫面記住這些故事情境，也因而養成畫面記憶、畫面思考的習慣。更重要的是：在我大腦還是一片空白之時，被輸入大量故事和人物，是引發我獨立思考的緣起！

奉主基督之名，阿門。

神話故事引發思考

上帝說：「有光！」於是這個世界就充滿著光明。

3歲半時的我，除了通過主教口試的堅貞禮成為正式教友之外，小小腦袋瓜裡便裝了100到1000個神奇的聖經故事，有50到100位超級厲害的聖經人物。例如，耶穌基督有超能力，能讓瞎子看得見、讓瘸子走路，先知摩西能分開紅海帶領族人離開埃及，諾亞有能力製造一艘大到能裝滿地球每一對動物的方舟……而我什麼都不會，因此非常著急、焦慮，不知道將來會什麼？能做什麼？人生的未來是什麼？

由於我身材瘦小，媽媽常開玩笑地說：

「你這麼瘦弱，肩不能挑，手不能提，我看你將來只能背個竹籃子到馬路上撿牛糞。」

當時鄉下的確有斷手、瘸腿的殘障者以撿牛糞為業，我當然不肯去撿牛糞啦，但也真不知道自己將來能學會什麼謀生技能。所以我從3歲半便開始思考，想將來要做什麼？會什麼？以什麼為業？也經常躲到父親的書桌下，偷偷地想、想、想……

4歲半時，父親送我的一塊小黑板，使我終於找到了人生之路：發現自己有畫畫的天賦。我很愛畫、很會畫，從那時起便立志走畫畫這條路，只要不餓死，我就要畫它一輩子。

我 6 歲上小學，三年後台灣開始流行漫畫書，《漫畫大王》、《模範少年》、《東方少年》、《學友》、《良友》等漫畫周刊大受歡迎。我 9 歲，小學 3 年級時立志成為漫畫家，但我始終都知道畫漫畫最重要的是：內容！內容！內容！以及用畫面講故事的能力。成為漫畫家最首要條件是會編故事！之後才是用漫畫將故事畫出來。

雖然我的小小腦袋瓜裡已經有 100 到 1000 個聖經故事，但還需要自我訓練出創作故事的本事。因此我很愛看書，只要能拿得到的書什麼都看。例如，:《農友》、《拾穗》、《皇冠》、《創作》、《今日世界》、《新生兒童》、《三劍客》、《鐵面人》、《基督山恩仇記》、《霧都孤兒》、《蘇俄在中國》。

記得當時最愛看的除了《農友》月刊裡楊英風所畫的農家漫畫外，還有《偵探》、《小說偵探》兩本月刊，每當拿到書時，我會先看配有插圖的那幾篇小說，當時還差一點想將志向由當漫畫家變為當偵探，因為我常常在偵探故事發展到一半時，便能猜出兇手和故事的後續發展與結局。但考慮到自己又瘦又小，拳頭不夠硬到能跟壞人打架，沒有能力制伏兇手，當偵探的夢當然就煙消雲散了。

我 15 歲到台北，正式成為職業漫畫家。當兵退伍後到電視製作公司工作，學會製作動畫。此後開動畫公司，拍動畫電影，畫中國經典諸子百家思想漫畫，大半生都在忙於完成自己的人生夢想。我始終維持著喜歡思考的習慣。我喜歡每天凌晨一點鐘就起床，站在窗口一邊喝著咖啡一邊思考。除了思考人生目的、生命的意義外，也對宇宙創生和天地自然變化一直有強烈的好奇心！

探究宇宙有如物理偵探

我喜歡在一個從前不曾去過的地方掬一碗沙土回家，澆上水後，把它擺到陽光照得到的窗口。

兩三個星期之後，原來除了沙土外看似無一物的碗裡，會長出七八種形狀各異的不知名小草。

我發現來自不同地方的沙土，所長出來的小草也不大相同。

在窗口的碗中，埋上一粒從路上撿回來的不知名種子，看它由土中冒出嫩芽，由兩片新葉漸漸變成一棵小樹苗，這時才會發現小種子原來的真實身分。人天性好奇，從觀察到發現的過程中會得到無比的樂趣。觀察不知名小草與種子，和研究宇宙、觀察氣象變化所得到的樂趣是一樣的。

近 20 年來我經常看科普書籍，對我而言，探究宇宙物理奧秘，如同當初愛看偵探小說，找出隱藏幕後的兇手一樣，充滿神秘的誘惑與挑戰。理論物理學家從有限的已知線索，去找尋未知的宇宙真理，有如物理終極偵探。閉關 10 年又 40 天研究宇宙物理，總算是以另一種方式圓了小時候的偵探夢想。

探究物理的緣起

我畫完中國「先秦諸子百家思想」漫畫後，於 1991 年開始研究佛陀思想，看了數百本佛教經典，同時也畫了 24 本佛法的研究筆記本。

為了描繪漫畫佛陀造型，我買了幾尊銅佛作為參考，因而養成收藏銅佛像的愛好，同時也學會了以正負離子交換的化學方法整理高古佛像。由於有上千尊高古銅佛，每年 4 月中旬，我都會花上一個月時間以果酸去除銅銹。在出版了《佛陀說》、《法句經》、《心經》後，由於這段期間都置身於佛菩薩境界裡，所以身心都處於佛法所形容的「禪定」境界中。

1996 年 4 月 23 日晚上 9 點 20 分，我第一次打坐，當雙腳盤坐、心智進入不思狀態的剎那，神奇的事情發生了——

我全身上下不由自主地顫動不已！

我不知道是不是由於之前做了積極想像的神奇效果（BIO feedback）發生問題？或是這段時間在處理高古銅佛去除銅銹時，銅銹中毒？還是所謂的自發動功？

為了尋找自發動功的原因，我詢問了醫界的朋友，除了得知榮總三十幾年來沒有任何銅銹中毒的病例外，還到復興南路聯合特殊檢驗中心檢查血液、尿液，結果也沒發現任何異樣。

經台大復健系的系主任賴金鑫先生介紹，我到台大電機所 404 研究室找到了李嗣涔教務長（李先生現在擔任台大校長）。

李先生曾經是「國科會」特異功能研究小組的重要成員，也是台灣研究心智特異功能的權威。

1996 年 5 月 6 日下午，他帶我到台大醫院做了 EEG 腦波測試。然而，正是 404 研究室牆上的兩張海報「元素表」與「大腦神經元」，成為引發我研究物理的契機。

「請問這張海報是 100 萬倍的大腦神經元、神經突觸圖？」

「你怎麼知道？」

「我研究自己的大腦，思考記憶在大腦內運作的過程。」

由於在自發動功之前，就發現自己每天越來越聰明，當時正是我有史以來最聰明的時候。因此，我請李嗣涔先生給我 10 個還未解決的物理難題。

李先生也沒低估我不是物理專業，很誠意地傳真來 10 大物理問題。於是我便開始閱讀科普書，以瞭解這些問題的真止物理含義，同時展開思考，試圖從問題中看出其中的端倪。

首先，看完整套翻譯自歐美、日本的科學著作，120 本銀禾物理叢書和 100 本凡異出版社的物理數學專業書籍，大致瞭解物理科學的進展與熱門的宇宙問題。接著才正式研讀真正科學大師

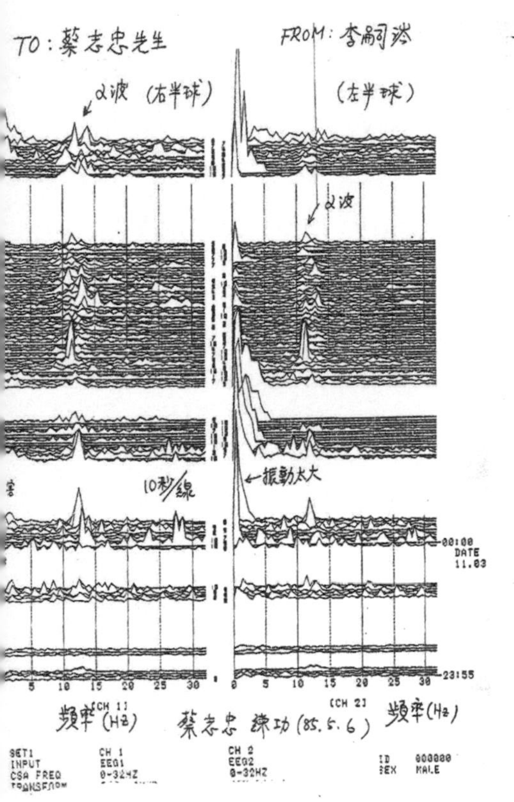

TO：蔡志忠先生　　FROM：李嗣涔

蔡先生：

您所要的十大物理問題，現整理如下：

1. 由前实驗所量赫伯常數所得出之宇宙年齡約在80~120億年，比宇宙中最古老的球狀星團(150億年)还要年輕，這是怎麼回事？
2. 原子係由質子，中子及电子構成，再下來質子，中子係由夸克所構成，夸克又是由什麼粒子所構成呢？
3. 宇宙中的黑暗物質到底存不存在？如果存在又是什麼樣的结構？
4. 似星体之能量太过驚人，遠超过核反應所能產生能量之範圍，那是什麼作用產生如此巨大之能量？
5. 太陽輻射所產生微中子之量与標準模型所預測之量不合，是什麼原因？
6. 地球上生命的起源到底為何？流星所帶來的有机分子？閃电所合成之氨基酸？利用有規則原子排列之礦物表面合成RNA？
7. 超光速的迅子到底存不存在？
8. 人尺度大小的宏观量子現象是否存在？要在什麼條件下才存在？
9. 量子現象中的不可分割性是否可以解釋預知未來，迴知过去之超能力？
10. 宇宙的維度是四度还是超过？若有超出之維度如何測量出來？

們的偉大著作《兩大世界體系的對話》、《光論》、《光學》、《自然哲學的數學原理》、《狹義與廣義相對論淺說》等等。

　　兩年後，我決定放下手上所有的工作，閉關專心研究宇宙物理。

智慧與年齡呈正比

1998 年 9 月 3 日，我正式閉關時，有位朋友質疑，他提出一個問題：

「依物理史過去的例子，重大的物理數學發現都是由年輕的天才物理學家提出的。例如，牛頓於 23 歲時，發現光學理論、萬有引力、牛頓力學、微積分；愛因斯坦於 16 歲開始研究光速，26 歲發表《光電效應》、《分子大小的新測定法》和最重要的狹義相對論《論運動物體的電動力學》。你 50 歲才開始研究物理，會不會晚了一點？」

我回答說：

「依人類文明史的例子，真正的智者年紀通常都很大。例如，西方古希臘的泰利斯、歐幾里得、阿基米德、畢達哥拉斯、蘇格拉底、柏拉圖、亞里斯多德。東方的情況也是如此：印度佛陀，中國的伊尹、姜尚、老子、孔子、孫子、孫臏、孔明、張載，都是到了年紀很大以後，才成為智者的。」

太多知識會妨礙思考

西方的物理史、數學史是由 3000 年來各方智者的智慧結晶所積累而成的。

初生之犢的優點是：他充滿無邊的想像力與無畏權威的勇氣，敢於提出新想法，對過去理論提出挑戰！在大膽構想、小心求證下，少年天才們屢屢翻開嶄新的物理新篇章。

年紀大了，知識積累得太多，反而會妨礙想像力，所以知障易於讓自己迷信過去的物理聖典。大腦會自動築出防火牆自我設限，不敢隨性任意朝向違反知識的方向思考。從過去的歷史我們可以看到：白紙黑字的聖典並非等於真理。任何新的物理重大發現，大都是對過去錯誤的真理提出挑戰。然而當新的正確物理真理發表時，必招群起圍剿，例如，牛頓發表第一篇光學理論時，便遭受虎克的嚴重批評，氣得牛頓往後十幾年不肯再發表新理論。年長的物理學者不輕易提出沒有把握的異端理論，不敢有突破性的新穎想法，這也就是西方重大的物理突破大都是英雄出少年的原因吧？

我的一生都踩在體制系統外的雲端上。從不遵循傳統社會的價值觀念，也不在意出身背景與名片上的頭銜，更不崇拜權威與迷信白紙黑字的聖典。我就如同一個 5 歲的純潔心靈，裝在一個不小年紀的身軀裡。因此思考任何問題的關鍵，只在於想像力好不好，而不在於年紀大小！

思考是我的狂野渴望！

愛因斯坦說：「想像力比知識重要！」

如果我們充滿想像力，考察一個現象時，便能由裡往外、由外往裡、由三維 360 度無窮角度觀察，看出其中隱藏著無窮多數的問題，甚至於直接看出答案。

如果我們空有知識而沒有想像力，往往會像一部數學電子計算器一樣，它會做所有的數學問題，但只能靜靜地擺在桌上。因為，沒有問題便不會有答案。

我一生幾乎都以創意為生，也非常喜歡思考。每天天一黑便開始睡覺，凌晨一點便起床站在窗口，一邊喝著咖啡一邊思考：從原子到宇宙，從時間到空間，從物質到能量，從數學到物理……無所不想，無所不思。由凌晨一點到下午一點，連續 12 個小時思考、計算、做筆記，能發揮無邊想像力，思考有所成果，如同從凡間逐步走到真理之門前面，置身於微開的真理之門所射出的光芒中，這是人生中少有的快樂經驗。

大腦與肚子呈反比！

你認為自己行，你就行。
你認為自己辦得到，你就辦得到。
你認為自己智商有多高，你的智商就會有多高！

年輕時我發現：當大腦思緒無限延綿時，吃完早餐後大腦便從天才變為豬頭，什麼都想不出來！於是我從退伍後便不吃早餐，至今已有 39 年。我發現大腦與肚子呈反比：肚子空空時，大腦處於最佳狀態，肚子飽飽時，大腦處於休眠狀態。一匹饑餓的狼反應覺醒、目光敏銳，一頭吃飽的獅子總是懶洋洋地躺著酣睡。因此，每當一個重要的物理或數學問題思考不出來時，我便會派另外一個智商更高、更厲害的自己出來！

什麼是另外一個更厲害的自己？就是先不思、不言、不閱讀文字、不食，做短期靜心修行。我曾經兩次 120 個小時絕食，發現絕食會使自己的思維慢慢變得更敏銳，觀察事物也更加犀利。絕食到 72 小時，是大腦最聰明、聯想力最好的時候。這大概也就是當初摩西、耶穌、穆罕默德在開悟之前，都曾隻身進入毫無人煙的曠野 42 天思考的原因吧？

因此，我回答朋友的質疑：

「物理新發現的關鍵，不在於思考者的年紀，而在於他的想像力！」

又有個朋友問我說：

「科學家們往往都在研究物理有成、對宇宙有很深的理解之後，才相信宗教。為何你卻反其道而行，由研究道家、禪宗、佛學有成，改去研究宇宙物理？」

我回答說：

「別忘了，我一歲上道理班，老師對我說的第一堂課就是，宇宙是如何展開的，我們所存在的世界是如何創世的！」

人生走了大半輩子，又重新接回 1 歲時的第一堂課，豈不很像《推背圖》最後一個畫面：一個後人雙手推著前人的背。前面是 1 歲的我，後面是現在的我。兩個人各為不同時間的我自己！

宇宙思維

宇宙是如何創生的？
宇宙是什麼？

宇宙是物質能量在時間空間中變化的總和！因此在談論宇宙是什麼之前，必須要先清楚：

什麼是物質？
什麼是能量？
什麼是時間？
什麼是空間？

我們都會以為自己知道時間、空間、物質是什麼！

時間很簡單，就是現在幾點、自己幾歲、還有多久下班等類似的問題。

空間就是我現在住在台北、屋子有多大、冰箱可放多少東西……

物質就更實際再清楚不過了，正在打字的電腦、牆上的冷氣機……這些就是物質。

只有能量還不是真的很明白，讓電腦、冷氣、日光燈能順利運作的電流就是能量。

如果時間、空間、物質、能量有如我們想的那麼簡單，幾千年來這麼多哲學家、數學家、理論物理學家們就不會討論這麼久還沒下定論了。

核子物理之父拉賽福說：

「發現單一物理定律如同集郵收藏到一張郵票，發現整套物理系統才是發現整個郵票史。」

我對個別現象興趣不大，我想要瞭解的是宇宙的根本原理和通行於全宇宙的物理符號與物理統一語言。

什麼是我所知道的宇宙？

什麼是我所知道的時間、空間、物質和能量？

什麼是我所知道通行於全宇宙的物理符號與物理統一語言？

以下是我在 10 年閉關中，對宇宙物理問題的思維過程，也是我對宇宙、時間、空間等研究得到的最終結論。

第一部分：《宇宙之道》是我思維和發現的翔實記錄。

第二部分：《宇宙之德》則是以數學公式描述的細節。

前言

問題比答案重要！

一台三百塊人民幣的計算器，從加減乘除到微積分都會運算，但它一直擺在桌上什麼都沒有做，因為它不會思考！

沒有問題，便不會有答案。好的問題，才會引發出意想不到的答案。

問題比答案重要！

思考是一切之先，先有思考才有問題。如果我們不思考，便會像那台計算器一樣，空有超強運算能力，而什麼都沒有做。有了問題再像剝洋蔥般地從外面一層一層剝下來，真相便從底層顯現出來。

問自己問題！

或許我們不先問：「宇宙是怎麼產生的？」這麼偉大而自己沒有能力臆想的問題。

我們可以問自己：「萬里長空突然烏雲密佈、春雷大作，變成一場狂風暴雨，它是如何產生的？」

於是我們便會看到：因緣和合、有無相生、色空一體的整個變化過程。

一口喝盡西江水

龐蘊居士問馬祖道一禪師說：「不與萬法為侶者，是什麼人？」

馬祖回答說：「等你一口喝盡西江水，再告訴你。」

龐蘊居士頓時開悟！

什麼樣的人叫不醒？

裝睡的人叫不醒！

如果我們什麼都沒做，只希望好運會自動來臨，這就是裝睡。

其實他自己也知道，不會有這種好事自動來臨。

沒有困境便沒有頓悟，如果我們沒把自己逼進絕境，企求頓悟是不可能的。

想找出宇宙真理也是如此，如果我們沒能喝盡西江水，如何不與萬法為侶，而能融入真理境地？

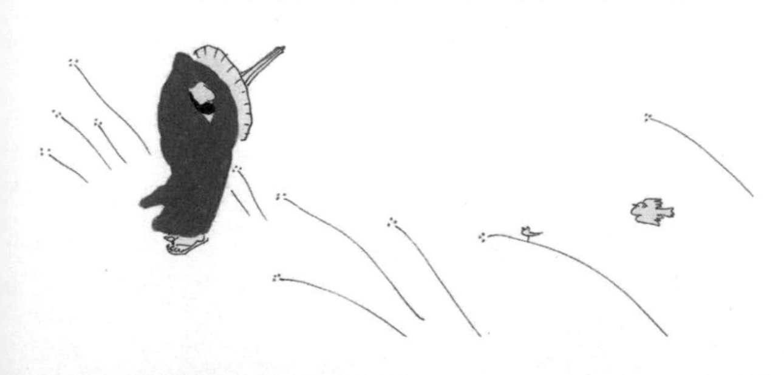

宇宙公式

由完全沒有單位的無量綱數所構成，由宇宙到基本粒子都成立，一路到底的全宇宙統一的物理語言，就是「宇宙公式」！

全部以 e、n 構成的無量綱數力學公式：

$$e^2 = \left(\frac{v}{C}\right)^2 = \text{速度與光速之比平方}$$

$$n = \frac{R}{C} = \frac{\text{半徑}}{\text{光速}} = \text{半徑與光速之比}$$

$$m = \frac{M}{C^3} = \frac{\text{質量}}{\text{光速三次方}} = e^2 n$$

$$t = \frac{2\pi n}{e} = \frac{\text{公轉軌道周長}}{\text{公轉速度}} = \text{公轉週期}$$

$$a = \frac{g}{C} = \frac{e^2}{n} = \frac{\text{公轉速度平方}}{\text{公轉半徑} \times C}$$

星體表面溫度 $K = \frac{g}{(8\pi)^2}$

任何位置點的密度 $\Delta\rho = \frac{1}{4\pi}\left(\frac{e}{n}\right)^2 = \frac{\text{球體速度平方}}{\text{球體表面積}}$

e 決定質點於質量體系空間中應該如何運動：

重力紅移 $\mathbf{Z=e^2}$

水星進動角度 $\theta=360\times 3e^2$

光通過重力場折射角度 $\tan\theta=4e^2$

質量造成空間凹陷增長距離 $S=L=\left(\frac{e}{2\pi}\right)^2$

等速度場虛質量 $\Delta M=M\log_2 e^2$

動能 $P=\frac{1}{2}Me^2$

e and M

宇宙之道

僅僅由 e、M 兩個物理符號所構成的宇宙物理學

伊甸園的智慧之果

當初，神允許人吃盡伊甸園中任何蔬果，唯獨神的那棵樹上的果子不能吃。

因為人若吃了神的果子，眼睛就睜開了，知識就睜開了，智慧就睜開了，光明就睜開了。

由此，人便能辨別是非、善惡、真假。但人也將因為有了識別心而遠離天堂。

350 年前，英國的牛頓吃下蘋果。於是，他發現了神的秘密：萬有引力、牛頓力學、光學理論、微積分等宇宙真理。

神的物理手冊

如果有神，神的物理手冊裡的物理公式會怎麼寫？

什麼是神物理手冊中最重要的物理符號？

如何將力學公式寫成適用於全宇宙所有外星人的共同形式？

如果能有幸一窺神的物理手冊，相信裡面的物理符號、公式一定非常簡潔、優美，宇宙物理的終極公式一定很短，描述真理所需要的物理符號一定很少。

宇宙間有許許多多大小不同、屬性各異的質量體系，相信神一定會以原則相同的物理方法描述，而不會分別為它們寫出千萬種不同的個別公式。

神的物理公式也應該適用於全宇宙不同時空的外星智慧生物

們，因此宇宙中應該存有標準物理終極公式和宇宙統一的物理語言！

萬法相依相續

一法生一切法，一切法歸一法。

如果找到通行全宇宙的統一物理語言，所有力學的物理量一定能夠相互串連和轉換，宇宙物理公式也必定只會以一種單位來描述。由單一公式所求出來的答案必定能涵蓋從最大的宇宙本體、星系、太陽到最小的原子、光子，一路到底都能成立。

e 是一切運動變化之本

e 是任何速度與光速之比。

任何外星人都可以輕易求出的物理量，例如，車速每小時 90 公里：

$e=v\div c=1/12000000$，地球繞太陽的公轉速度每秒 30 公里：$e=1/10000$。

M 是建構質量體系之始

M 是宇宙中任何質點、星體的質量。質量體系所形成的盤面空間和公轉速度與光速之比為 e。一切力學物理量皆由 M 展開！

兩個符號構成的物理學

e 和 *M* 是宇宙中最重要的兩個基本物理量。

M 決定星體的核子直徑大小和質量體系有效作用力半徑範圍。

e 決定體系內外的所有質點，於盤面內應該如何運動。

宇宙公式，只由這兩個物理符號便可以將力學描述清楚。

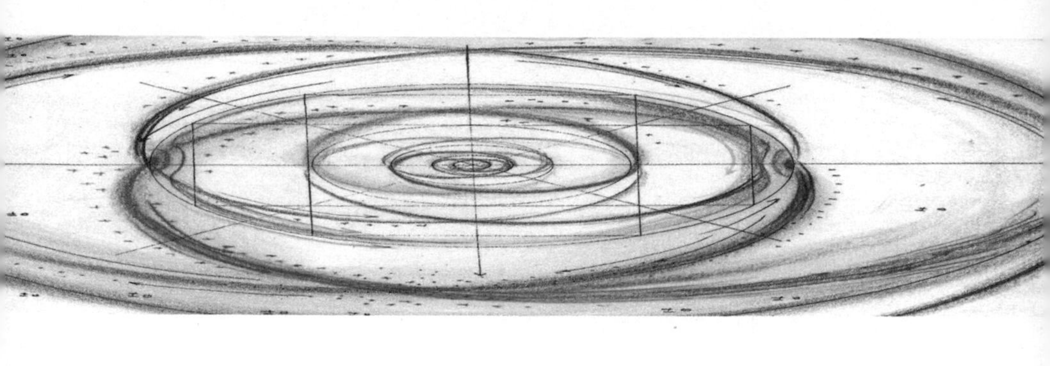

第一章
空間是什麼

先有雞？還是先有蛋？在此之前，得先有空間。
空間是物質存在的處所，空間同時也是構成物質的條件。

空有一如，不分彼此。

有問空說：

「空比有境界高嗎？」
「非高非低。」
「空包藏有，空比有大嗎？」
「非大非小。」
「非高非低、非大非小，那是什麼？」

空回答說：

「無我無他，不分彼此，無分別好壞、上下、高低、大小，空沒有自我，空納一切所有全部。」

空與有是同時產生的，空中有色，色中有空。而這正是質量體系的起源。

第一節 質量體系中的有無相生

台灣位於北緯 23 度太平洋西岸，是歐亞板塊和菲律賓板塊碰撞形成的小島。因此台灣是個觀察地震、季風、冷暖氣團、颱風氣象最好的地方。每年大約有七、八個颱風來襲和大大小小地震不斷。每當初春下午雷雨暴形成之時，我都趕緊拿張椅子獨坐窗前，細心的觀察雷雨暴形成和消失的整個過程。

從一個短暫的雷雨暴，我們看到什麼？

我們看到質量體系是由因緣和合而生，也因為因緣不再而消逝。雷雨暴由周邊客觀條件具備而形成，它的體積是內蘊作用力的外在表現。如果我們把一無所有的空間稱之為「無」，把濕熱水氣稱之為「有」，那麼我們便看到一個質量體系因緣和合、有無相生的過程。

第二節 質量體系中的兩種空間

空間有兩種

一個雷雨暴質量體系是由因緣和合而生的一時現象，也由於因緣不再而消逝。我們可以描述一個雷雨暴整體半徑的大小，存在的時間有多久，降雨量有多少。因此我們由這個角度談空間是什麼，便會清楚看出空間其實有兩種：

(1) 一種是質量體系本身的空間，如雷雨暴半徑範圍有多大？

(2) 另一種是質量空間所存在的空間，如地球上空是雷雨暴質量體系空間所存在的空間。

質量構成體積，一盒冰淇淋本身具有三維體積空間。能把冰淇淋放進冰箱裡，是因為冰箱還有足夠的空間，沒有足夠的空間，質量體系便無容身之處，便不可能存在。一切因緣而生，質量體系所依附存在的空間是因緣的構成條件，條件不夠，質量體系便不可能產生。

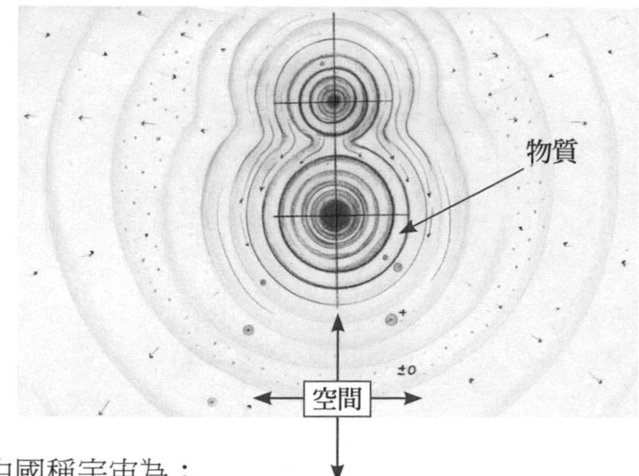

幾何絕對空間

自古以來，中國稱宇宙為：

四面八方曰之宇，古往今來曰之宙。

宇即是空間，空間正如其名，是中空的間隔。其意義跟牛頓的絕對空間一樣，空間可以存在物體，宇宙空間如同一個無限放大的空盒子，星系、星體等質量體系存在於空無一物的宇宙大盒子裡面。

維基對空間的解釋也差不多：

「宇宙中物質實體之外的部分稱為空間。」

牛頓說：

「空間是絕對的，是獨立於所有運動質點之外的純幾何空間。」

愛因斯坦的質量體系空間

馬赫說：

「空間本身並不是一件東西，它僅僅是從物質間距離關係的總體中得到的一種抽象。」

愛因斯坦認為：

「空間是質點與質點間的距離，是質點的展延。」

馬赫批評牛頓的絕對空間觀念，其實是雞同鴨講，在批評不同的主題。

馬赫與愛因斯坦所說的空間，其實是在指一個質量體系內的空間。如同我們稱一個雷雨暴、颱風的體積有多大一樣，宇宙也是個質量體系，我們稱宇宙空間當然可以如愛因斯坦所說的一樣：「空間是質點的展延。」

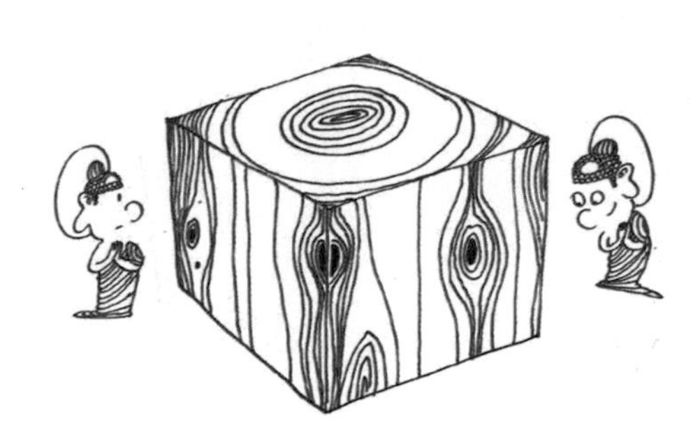

質量體系空間存在另一個質量體系空間

牛頓說：

「空間是絕對的，是獨立於所有運動質點之外的純幾何空間。」

當然沒有錯，牛頓指的是質量體系所存在的幾何空間。

例如：地球雷雨暴存在於大氣層，地球空間存在於太陽系空間，太陽系空間存在於銀河系空間，銀河系空間存在於宇宙空間，如果宇宙是最終極質量體系，它應該像各級質量體系一樣，生成於更高一級空間。任何形式的存在，必然存在於它所依附的空間，沒有存在的空間，便不可能生成。宇宙質量體系空間是存在於「獨立於所有運動質點之外的牛頓絕對純幾何空間中」。

馬赫與愛因斯坦的質量體系空間，存在於牛頓的幾何絕對空間！

第三節　宇宙多重空間

我們存在於地球行星，地球存在於太陽盤面空間，太陽恒星存在於銀河星系，銀河星系存在於宇宙空間，宇宙可能只是母宇宙的次級體系，母宇宙可能只是祖母宇宙空間裡的次級體系。

如同俄羅斯套娃，每一層娃娃裡面還有更小的娃娃，多重娃娃重疊在一體一樣。

1. 質量本身也是空間

色即是空，空即是色；

色不異空，空不異色。

宇宙中沒有絕對的色，也沒有絕對的空，所有一切存在都是空中有色、色中有空。

中文稱呼一件東西叫做「物體」，質量所構成的東西又是「物」，同時又是「體」。

人應該會自認為自己是物質，但人也是其他微生物生存的居所，而微生物是更小生物的載體，更小微生物是更小更小鞭毛蟲的生存居所。任何存在都具有質量與空間雙重身分，既是物質又是空間。因為宇宙中沒有絕對的物質，也沒有絕對的真空。

一艘船是物體，同時也是裝載其他物體的空間。宇宙尺度上的情況如此，地球、太陽、銀河、宇宙本身既是質量體系，同時也是次級質量體系存在的空間。

2. 空間是什麼？

地球帶著月球在太陽系公轉，太陽帶著九大行星繞銀心公轉，銀河帶著兩千億恒星同步運動，室女超星系團帶著數以千計星系同步運動。

宇宙中有重重疊疊多重質量體系，分別有多重空間，每一質量體系空間內含分佈其間的所有質點同步運動。在地球同步空間裡，各質點之間的位置不因為地球繞太陽公轉而改變相對關係，因此等同於不動的絕對空間！

空間體系內任何波產生之點，等於不動波源。

3. 各級同步運動空間＝各級絕對空間

當波擴張到地球同步空間外，才會因為地球相對於太陽盤面空間的運動，在太陽盤面中畫出各個方向都不同的多普勒波長。

相同地，太陽發射陽光，相對於九大行星，太陽是不動的光源，當陽光擴張到銀河盤面後，才因太陽系相對於銀河盤面運動在銀河空間中畫出多普勒波長。

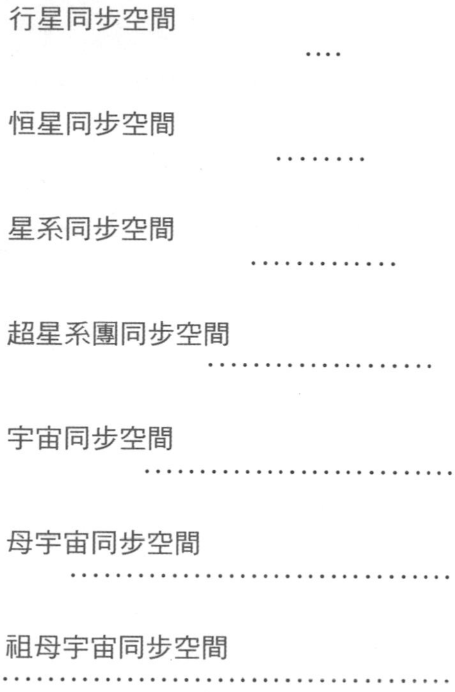

行星同步空間
....

恒星同步空間
....

星系同步空間
....

超星系團同步空間
....

宇宙同步空間
....

母宇宙同步空間
....

祖母宇宙同步空間
....

銀河星系、超星系團、宇宙等各級質量體系的同步空間也是如此。各級同步運動空間等於各級雨中行車，是重重疊疊多重空間上的空間。

由地球的角度看，我們如同存在於運動中的地球大球體裡面、外面又有一層層的太陽球體、銀河球體、超星系團球體、宇宙球體，每一層球體都以不同速率、往不同的方向運動。

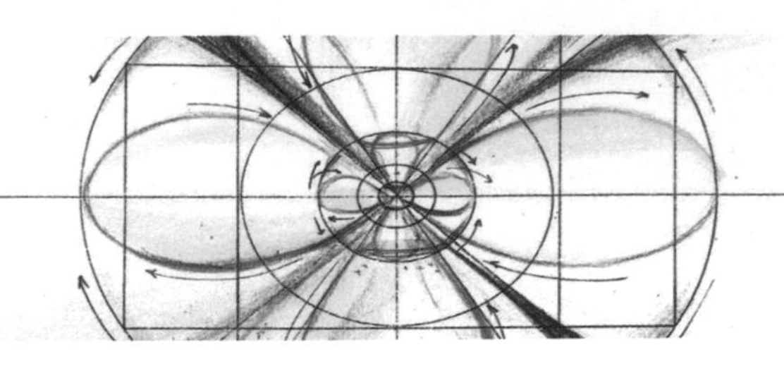

4. 形體＝質量能量的外在展現

太陽對銀河系說：

「你是我存在的空間，我是地球存在的空間，地球又是人存在的空間，人又是微生物存在的空間，微生物當然是更小病毒存在的空間。但什麼是空間？」

銀河回答說：

「我們自以為自己是物質，其實任何物質也是更小物質的空間。空間與物質是一塊錢幣的兩面，時間與速度也是如此，無法分割的。」

至大無外，至小無內。
任何有外，任何有內，都同時是物質，也是空間。

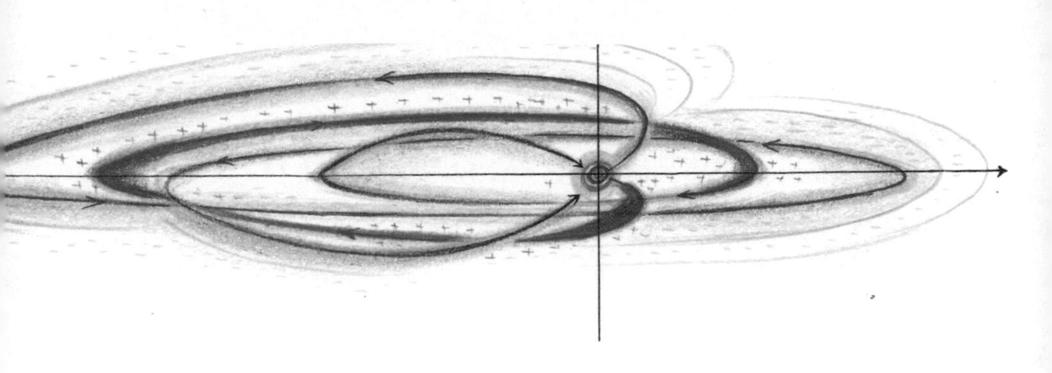

第二章
質量是什麼

先有雞？還是先有蛋？在此之前，得先有質量。
質量是構成宇宙的基本元素，沒有質量的宇宙是無法想像的。

第一節　質量體系是物質的反覆循環

荷葉上的露珠對湖水說：

「你是荷葉下面的一大滴，我是荷葉上面的一小滴。」

——泰戈爾《飛鳥集》

從荷葉上掉落到湖中，是露珠一生的冒險旅程。

人的一生也是如此，我們都是星星的子女，身體的每一顆原子，都來自星辰。

死後，塵歸塵、土歸土。身上每一顆原子，還是再還給星辰。

物質反覆循環為各種質量體系，時而化為星辰，時而變成我們。

人問神說：「地球看起來是物質，但我們存在於地球表面。人看起來也是物質，但還是數以萬億微生物的載體。它們隨著我們行動，住在我們裡面，拿我們當食物。知道『色即是空、空即是色。色空不異，色空相生』。然而，應該用什麼正確方法來描述這個色空質量體系？」

神回答說：「不用往外尋求真理，真理不在天邊，真理就在你眼前。真理藏在大自然裡，真理就在你的周邊，等著你去發現！」

1. 物質是什麼？

上世紀量子力學的發展，已經把微觀原子、質子、中子、電子、夸克、基本粒子的質量能量問題，幾乎剖析到止於至善的最終究竟了。

在此，我們的主題是行星、恒星、銀河星系、宇宙等大尺度的質量問題。雖然宇宙大爆炸標準理論已將宇宙是如何誕生，如何暴漲，如何形成今天我們所看到的模樣等說得像真的一樣。但對於為何紅移會大於 1，質量如何無中生有，則沒有多做解釋。

宇宙大爆炸標準理論是建立在它是最大級數結構的基礎上的，其實我們也無法證明：宇宙之外還有沒有更大的體系？目前所稱的「宇宙」之上是否存在著更大結構的母宇宙、祖母宇宙？

我們無法想像質量如何無中生有，同時也不認為以今天的物理知識有能力談創世。在此我們學習北宋五子之一的張載的務實精神，由已經充滿氣的狀態開始談宇宙等質量體系的創生。

張載主張「太虛即氣」：

由太虛有天之名，
由氣化有道之名。

宇宙空間中不能無氣，
氣不能不聚而為萬物，
萬物不能不散而為空間。

宇宙是氣在天地之間浮沉、升降、動靜相感相交變化過程的總和，是陰陽正負相互交會相蕩、勝負、屈伸，是宇宙的起源。

由星系以上的尺度看，宇宙其實是超大版本的氣象變化。因此我們討論質量體系，或許應該由地球上的颱風談起！

2. 質量體系＝色空相生

此有故彼有，此無故彼無。
此生故彼生，此滅故彼滅。
一切因緣生，一切因緣滅。

從颱風、龍捲風的形成到消逝過程，我們看出質量體系是：色（高溫水氣）空（颱風之形）的有無相生。

質量體系的形成是客觀條件具備而形成的一時現象。因緣和合而生，因緣不再而滅。任何存在必然會有變化，凡是不變化的必然不可能存在。一個基本粒子是如此，宇宙也是如此。

3. 質量應如何描述？

從一個暴風半徑 400 公里，風眼半徑 20 公里，迴旋速度 132 公里時速的颱風，我們看到什麼？

我們看到質量體系的描述方法！

質量體系＝速度平方 × 半徑＝三維空間體積

暴風速度平方 × 半徑所構成的三維體積＝形體是內在作用力的外在呈現

4. 色即是空、空即是色！

由颱風的暴風半徑和迴旋速度很容易便可以看出，以速度平方乘上半徑來描述質量是最好的方式。

質量＝三維體積＝速度平方 × 半徑＝作用力範圍的外在展現

例如，我們由已知的地球質量求太陽質量，公式便是透過這種形式表示：

$$\text{太陽質量M}=\text{地球質量}\times\frac{\text{地球公轉速度平方}\times\text{地球公轉軌道半徑}}{\text{月球公轉速度平方}\times\text{月球公轉軌道半徑}}$$

$$=\text{地球質量}\times 331648.69$$

第二節 宇宙的共同標準

1. 代數不是宇宙共同標準

我們可以把太陽的質量描述為：

太陽質量＝太陽盤面內任意位置的公轉速度平方 × 該位置與太陽之間的距離
＝地球公轉速度平方 × 地球公轉半徑
＝水星公轉速度平方 × 水星公轉半徑
＝木星公轉速度平方 × 木星公轉半徑
＝冥王星公轉速度平方 × 冥王星公轉半徑

速度是一單位時間的位移距離，而人為規定的一單位時間（秒）不是宇宙共同標準。以這種方式所算出來的數不是宇宙統一絕對值。

對任意一單位時間所算出來的速度平方（代數）× 半徑（幾何），我們任意代入速度的數不是宇宙共同標準，每個外星人所求出來的值都不相同。

2. 空間幾何才是宇宙共同標準

什麼才是所有外星人的宇宙統一標準？
幾何長度才是全宇宙共同的標準尺度！

如果我們以真實的幾何體積來描述質量，那麼就會是宇宙共同標準！一段幾何長度，無論我們稱它為 X 或 Y 或 Z，它所代表的長度是一樣的。任何外星人都可以用不同方式，描述出宇宙共同標準的這段幾何長度：

一段幾何長度 X＝n 顆氫原子排出來的長度＝銫 137 振動 n 次的時間中光行進的距離

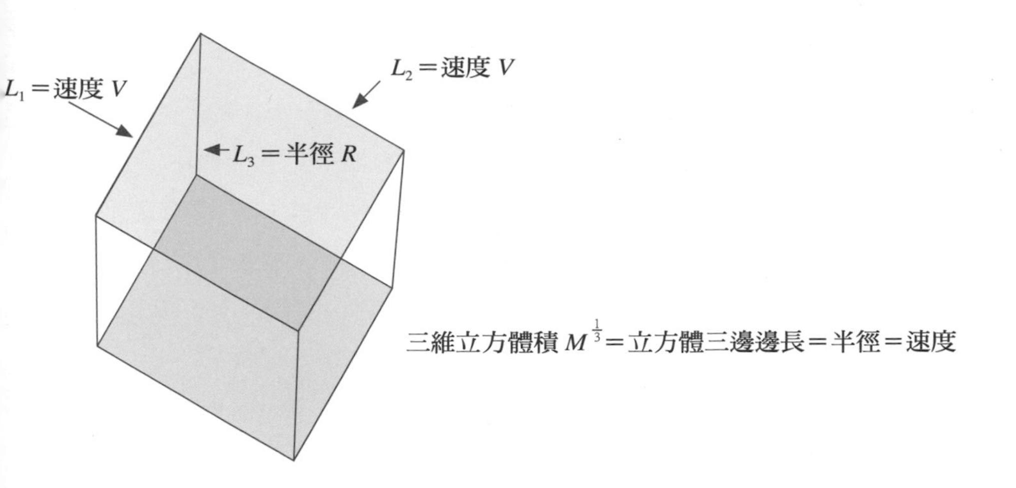

3. 質量＝三維體積才是宇宙共同標準

因此用幾何三維體積描述質量才是宇宙共同的標準：

質量 ÷ 體積＝密度，當密度＝ 1 時，質量＝體積。

如果太陽全部是由水所構成的，那麼太陽便是邊長為 1256185.706 公里的立方體。

因此太陽質量＝1256185.706 公里 ×1256185.706 公里 ×1256185.706 公里＝1256185.706 公里平方（速度平方）×1256185.706 公里（半徑）。

這種描述方法才是宇宙共同標準：質量＝速度平方 × 半徑＝ X 三次方。

無論任何外星人以什麼方式定義這段 X 長度，他們所描述出來的這段幾何真實距離都相同。

4. 色即是空，質量＝三維體積

我們知道地球以每秒速度 29.868 公里繞太陽公轉，在太陽半徑 1256185.706 公里的地方，公轉速度每秒為 325.9465 公里，以質量＝體積＝速度平方 × 半徑，真正的宇宙統一標準速度應該是 1256185.706 公里。

因此，正確的宇宙標準的一單位時間＝ 1256185.706 公里 ÷325.9465 公里＝ 3853.96278 地球秒。

宇宙標準的一單位時間光行進距離＝ 300000 公里 ×3853.96278 ＝ 1156188834 公里

該速度與光速之比 e＝V÷C＝325.94÷300000＝1256185.7 ÷1156188834 ＝ 0.001086488358（宇宙標準）

第三節　自洽圓融的力學體系

將質量描述為三維體積，一切力學公式便可以展開，質量、速度、半徑、重力、週期、密度、星體表面溫度等物理量自洽圓融完全可以相互轉換的體系：

質量＝三維球形體積
質量＝速度平方 × 半徑重力
　　＝速度平方 ÷ 半徑公轉週期
　　＝周長 ÷ 速度
半徑＝質量 ÷ 速度平方
速度平方＝質量 ÷ 半徑
星體表面密度＝速度平方 ÷ 星體表面積
星體平均密度＝ 3× 星體表面密度
星體表面溫度＝重力 $\div(8\pi)^2$

於是，整套力學公式便可以串聯為：

質量＝速度平方 × 半徑＝重力 × 半徑平方＝ 3× 星體表面密度 × 星體表面積＝星體表面溫度 × 半徑平方 $\times(8\pi)^2$

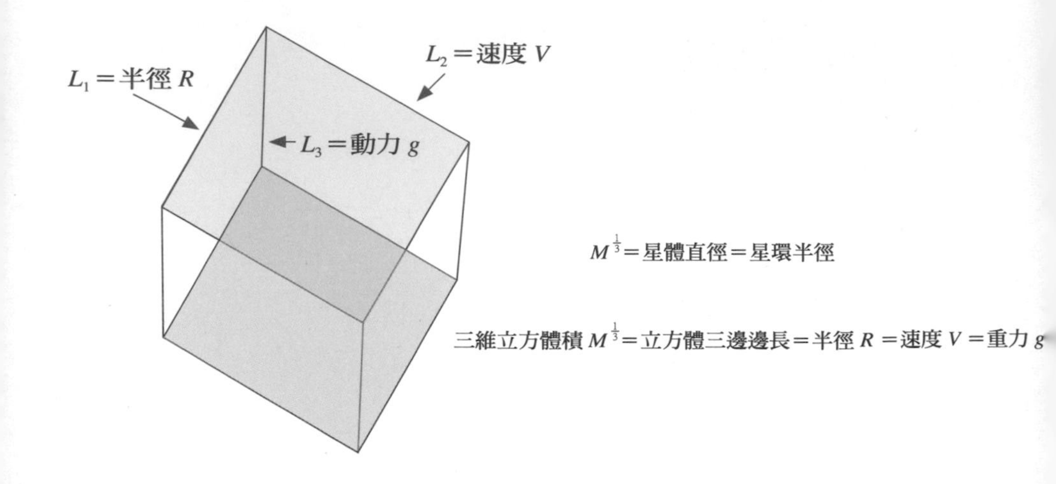

1. 質量體系關鍵半徑 R ＝質量三次方根

如果質量等於三維體積，當半徑正等於質量的三次方根時，剛好是質量體系最重要的關鍵，半徑＝速度＝重力。半徑、速度、重力三種物理量都相同，而這個半徑正等於星環半徑，也等於星體直徑！代入太陽、九大行星、氫原子質量公式計算出來的數據與真正直徑相比對：

在太陽與氫原子質量差＝ 1.186×10^{57} 時，公式誤差只有 0.9 左右。

半徑＝質量三次方根時，為何正等於質量體系的星體直徑？因為在這關鍵點，質量體系盤面中的半徑、速度、重力都相等。

速度 V 與重力 g 都是質量內蘊展示於外在的表現：

V ＝切線橫向速度，

g ＝垂直向心墜落速度。

圓周迴旋運動是切線橫移速度和向心墜落速度的疊加。

因此當重力＝速度時，橫向移動的速度＝垂直向心墜落的距離。

在這裡的盤面微塵正處於往內往外的半徑臨界點，關鍵半徑以內的微塵往內墜落積累為星體核子，關鍵半徑附近的微塵則形成星環。

由質量三次方根＝星環半徑＝速度＝重力＝星體直徑和整套自洽圓融的力學體系，我們可以看出：任何星體無論質量大小，星環半徑和星體半徑的公轉週期與臨界密度都相同。

任何星球表面密度都接近水密度，星球表面密度＝0.63662，也由此證明時間有一定的宇宙共同標準，無論觀察者以任何速度繞星環運動，在星環公轉一周的時間內，他所接收來自星球所發射的光波總波數與不動的觀察者相同，他所經歷的時間恒等於星環公轉週期！

星環公轉週期：$T=2\pi$

星環半徑和星體半徑的公轉週期與臨界密度都相同

星球半徑＝$\frac{1}{2}M^{\frac{1}{3}}$ ⇒ 星球表面週期＝$\frac{\pi}{\sqrt{2}}$

星球半徑＝$\frac{1}{2}M^{\frac{1}{3}}$ ⇒ 星球表面密度＝$\frac{2}{\pi}$

星球半徑＝$M^{\frac{1}{3}}$ ⇒ 星球表面週期＝2π

星球半徑＝$M^{\frac{1}{3}}$ ⇒ 星球表面密度＝$\frac{1}{4\pi}$

2. 無量綱的宇宙公式

如果我們再將質量、速度、半徑、重力等物理量除以光速，則將變成完全沒有單位的無量綱數，適用於全宇宙所有外星人的統一物理語言：

m ＝三維球形體積 ÷ 光速三次方＝質量 ÷ 光速三次方
m ＝速度平方 × 半徑 ÷ 光速三次方＝質量 ÷ 光速三次方
e 平方＝質量 ÷ 半徑 ÷ 光速平方＝速度平方 ÷ 光速平方
a ＝速度平方 ÷ 半徑 ÷ 光速＝重力 ÷ 光速
n ＝質量 ÷ 速度平方 ÷ 光速＝半徑 ÷ 光速

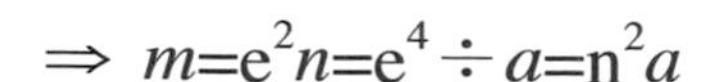

$$\Rightarrow m=\mathrm{e}^2 n=\mathrm{e}^4 \div a=\mathrm{n}^2 a$$

第三章

一單位光速有多長

先有時間？還是先有光速？

速度是距離的函數，時間也是距離的函數。

光速與時間是銅板的兩面，是不可分割的連體雙生子。

道無所不在！

有一位僧人問惟寬禪師說：
「真理在哪裡？」
惟寬禪師回答說：
「真理就擺在面前！」
「為何我看不到？」
「你有自我，所以看不到。」
「我有我，所以看不見真理，你能看見真理嗎？」
「有你有我就無法看見真理。」
「無我無你之時，就能看見真理？」

惟寬禪師說：
「無你無我，又有誰需要見真理？」

真理從不隱藏，真理就在眼前。真理就在光裡面，只待有心人來發現。但詭異的是，我們只能以融入真理的方式才能看得見。

第一節 光波的秘密

光波是神跟人所訂立的契約，人通過光進入真理的大門。光讓我們有能力看清事物，通過光知曉宇宙中的一切。

萬法歸一，一歸何處？

伽利略說：無論自然數有多少，都有與它一樣多的平方數。由數學角度思考會發現，我們定出一個數的大小會影響該數平方的大小。

$2^2 = 4$

$4 > 2$

$0.5^2 = 0.25$

$0.25 < 0.5$

計算宇宙萬象需要用到各種不同物理量：光速、距離、重力、質量、時間和這些物理量的平方、立方，所以定義各種不同物理量的單位＝ 1 非常重要。

萬法由 1 展開，但對於各種物理量的單位＝ 1 應該從哪裡來？

一切法歸一法，
一法納一切法。
但是萬法歸一，
一應歸哪裡？

第二節　尋找重力＝1的方法

我曾經為了求出什麼情況下重力＝1，花了半個月時間尋找公式對應的方法，但一無所獲。

重力＝速度平方 ÷ 半徑，我當然知道速度平方等於半徑時，重力＝1。但是速度是一單位時間中質點在空間中位移的距離，一單位時間定得長，速度就變大，重力也變大。

而我們所定出年、月、日、時、分、秒的時間長度，是依地球公轉週期所定義出來的，並非宇宙統一標準。標準重力等於1是沒有意義的。

雖然宇宙中沒有重力＝ 1 的極值，但有速度＝ 1 的極值。光速是宇宙最高速度，把光速定義為單位＝ 1。其他任何盤面公轉速度、一般速度則描述為它們與光速之比 e，e ＝ v÷c，於是宇宙公式裡的第一個 1 便是光速＝ 1。

一個外星人如何求出一單位光速，等於真正有多長距離？

光速是一單位時間中光行進的距離，光速與時間是銅板的兩面。能求出宇宙標準一單位時間的長度，便知道光速等於多長距離。相反地，求出一單位光速的距離，便知道一單位時間的標準長度。

一個外星人在自己所存在的星球上，他會看到什麼？他要如何求出宇宙標準的一單位時間和光速的大小？

由質量＝速度平方 × 半徑和質量＝密度 × 體積，任何外星人都可以由自己所存在的星球半徑、平均密度和水球盤面速度與光速之比 e，求出宇宙標準的一單位時間和宇宙標準光速 C ！

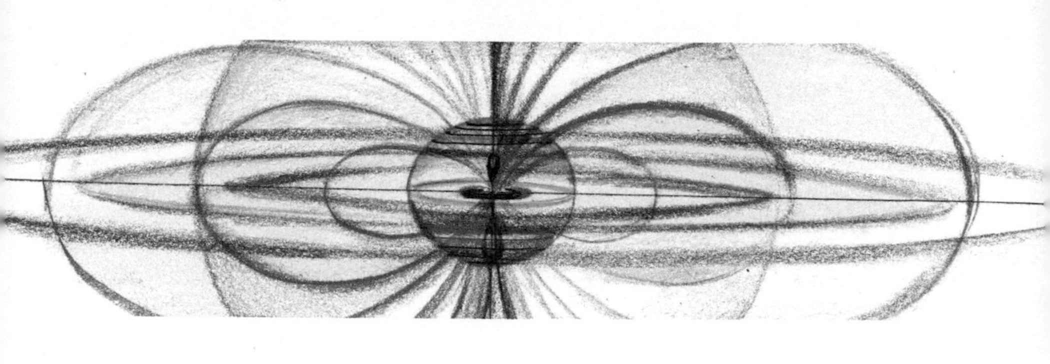

第四章
時間是什麼

先有雞？還是先有蛋？在此之前，得先有時間。
凡是存在必然會產生變化，凡是變化必然需要花時間，
時間是描述變化的過程。

第一節　時間與光速同時產生

雲門文偃禪師說：
春有百花秋有月，
夏有涼風冬有雪。
若無閒事掛心頭，
便是人間好時節。

禪就是無我地融入於時空，永遠融入於此地剎那瞬間，他的心像鏡子一樣，時時完全反映此時現況。開悟的禪者沒有時間觀念，他無分別心去分此時彼時，無論任何狀態，永遠是：時時是好時，日日是好日。

宇宙當然有時間在流動，但宇宙時間怎麼個流法？

視之不見名曰夷，
聽之不聞名曰希，
搏之不得名曰微。

時間看不到、聽不到、抓不到。到底時間是什麼東西？

牛頓認為：時間獨立存在於宇宙，不因其他因素而改變流速，時間是絕對的數學時間。

愛因斯坦則認為：時間的流速取決於觀察者本身的運動狀態。時間會因速度而膨脹，宇宙中沒有完全靜止不動的質點，這表示宇宙中沒有完全一樣流速的時間存在。

時間真如愛因斯坦所說，宇宙中不存在所謂統一標準的時間流速嗎？

速度是距離的函數，時間也是距離的函數。

問「一單位時間」有多長和問「一單位光速」有多大是一樣的。時間和光速是同時產生的，光速與時間是銅板的兩面，是不可分割的連體雙生子。「光速」是一單位時間中光輻射的距離，「一單位時間」是光波行進一單位距離所花的時間。

如果光速有不變的絕對值，時間也有不變的流速。

第二節　外星人計算的公轉週期

1. 時間是什麼？

愛因斯坦在《狹義相對論》裡的時間理論是錯的！時間不會因為觀察者的速度改變流速。對任何觀察者而言，時間＝通過觀察者的總波數 × 通過的波長 ÷ 光速。

時間的流速是宇宙共同標準，時間是串連的力學系統公式中的物理量。

任何星體無論質量大小，星環半徑＝質量三次方根，公轉週期都相同＝ 2π 。

這時有位觀察者 A 以光速繞星環公轉，在 $T = 2\pi$ 時間中，他所接收來自星球所發射的光波總波數和波長與不動的觀察者 B 完全相同，他所經歷的時間恒等於星環公轉週期：$T = 2\pi$ 。

2. 星體的表面密度相同，公轉週期也相同

宇宙中任何外星人，無論他以什麼速度運動，他所經歷的時間流速都相同。任何星體的表面密度相同時，無論它們的質量大小、重力差別有多大，兩個星球表面的公轉週期一定相同。

Ⓐ　當星體表面密度＝水密度（ρ＝1）時，質點的公轉週期：$T=\sqrt{\pi}$。

Ⓑ　當質量三次方根＝半徑（星環半徑）＝速度＝重力時，質點的公轉週期：$T=2\pi$

對宇宙中以任何速度運動的所有觀察者而言，時間流速永遠不變，無論他所存在的星球質量多大，以上 AB 兩種狀況該外星人所算出來的公轉週期都相同：

$$T=\sqrt{\pi} \qquad T=2\pi$$

宇宙標準秒＝ 3853.96278 地球秒

宇宙標準光速＝ 1156188834 公里／宇宙秒

星體表面密度 ρ ＝星體表面速度平方 ÷ 星體表面積

3. 時間不會因為重力而變慢

愛因斯坦說：

「在重力場中，時間的流速會變慢」這個觀點也是錯的！

時間有一定的流速，不會因為重力場的大小而改變。

要證明不同重力場時間流速不變，有個很簡單的方法：

太陽盤面公轉半徑＝ 26607831.08 公里的質點繞太陽一周所花的時間，等於月亮公轉地球一周所花的時間＝ 27.32166 天。

太陽與地球兩個質量大小不同的星體，兩個等公轉週期軌道之間的重力永遠相差 69.22 倍。

如果有兩位分別在兩個不同公轉軌道上的觀察者 AB，他們公轉一周所花的時間都相同，為 27.32166 天，這段時間中，AB 所接收到來自太陽的光波總數和波長也都一樣。無論觀察者以任何速度運動，身處於任何重力場：

時間永遠＝通過的總波數 × 通過的波長 ÷ 光速

第三節 宇宙標準的一單位時間

光速與時間是一體兩面。

如何求出宇宙標準的「一單位時間」與如何求出宇宙標準的「一單位光速」一樣。

一個外星人如何求出宇宙標準的一單位時間有多長？

由**質量＝速度平方 × 半徑和質量＝密度 × 體積**，任何外星人都可以由自己所存在的星球半徑、平均密度和水球盤面速度與光速之比 e，求出宇宙標準的一單位時間！

1. 外星人所算出的 W、X、Y

由以下公式他很容易便可以求出：W、X、Y。

① 水球半徑＝星體半徑×星體密度$^{\frac{1}{3}}$＝Y

② 水球盤面速度＝$\sqrt{\frac{4\pi}{3}}\,Y = X$

③ 時間＝$\frac{2\pi Y}{X} = W$

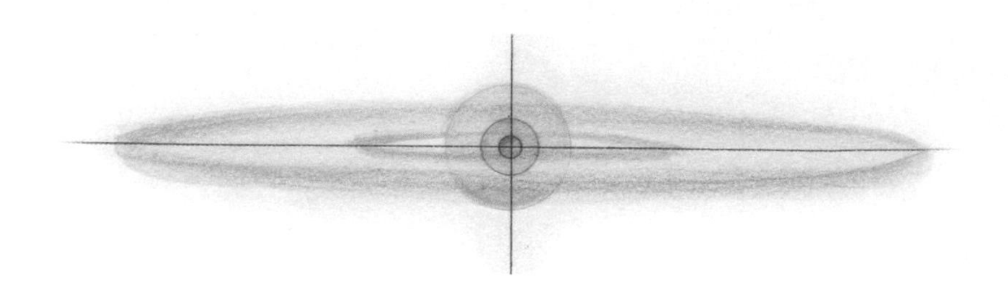

無論該外星人稱呼這 W、X、Y 為多少外星單位，他所指的時間 W 必然與我們所計算的相同。

宇宙標準光速 =1156188834 公里／宇宙秒
宇宙標準一單位時間＝ 3853.96278 宇宙秒

2. 時間會由於觀察者的速度而變慢嗎？

時間有一定的標準，例如，有個人以光速在地球軌道繞太陽公轉一年，剛好繞了 10044.164 圈，這段時間對他或太陽系其他人而言，都是一年 365 天！在這一年當中，光速運動者所接收到的太陽光波總數與波長和不動的觀察者都一樣。

水星公轉速度比地球、海王星快多了。每 100 年水星進動 41 弧秒，這 100 年對水星、地球、海王星的觀察者而言，都是相同的 100 年。即使水星軌道重力、公轉速度都大過其他行星，時間的流速都與其他行星一樣。

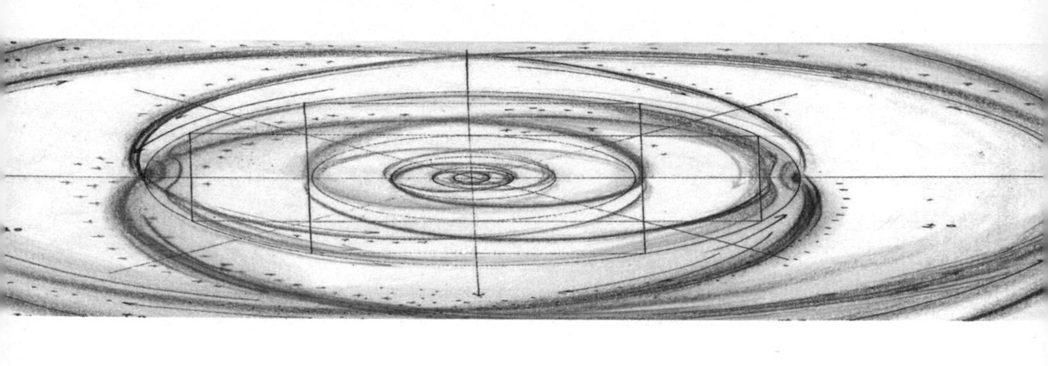

第五章
波動方程

光既是粒子，同時又是波。光粒子的部分，
量子力學已經說明得很清楚了，但光波是什麼？
光波如何運動？

第一節　波動各有其因

西元 676 年，廣州法性寺舉辦盛大法會時，寺中旗幡飄揚，有兩位學僧為此辯論起來。

「是風在動。」
「不不不，是旗在動。」
六祖慧能說：
「不是風動，也不是旗動，是你們兩個人的心起了波動。」

當然兩位學僧爭辯起自於他們起心動念的心動！而旗幡動的成因來自於氣流騷動，任何波源振動引發周邊空間傳播介質騷動，波是空間中的傳播介質變化現象。旗動是因為風動，爭辯是因為心動。

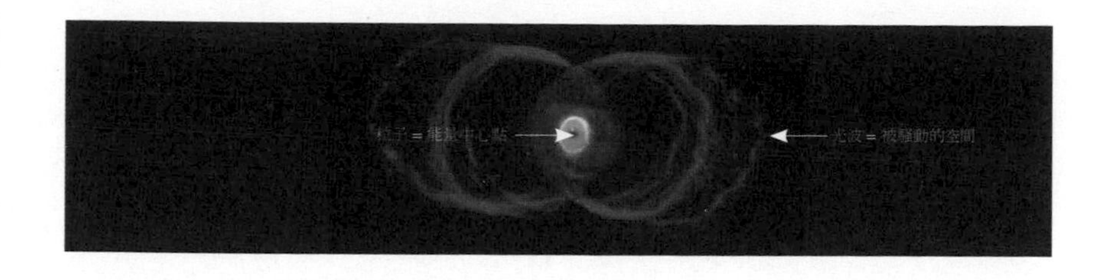

第二節　光的波粒二重性

光可以描述為粒子（質點），光也呈現波狀態。由水波、聲波可發現任何波動都是波源作用於空間，使原本靜止的空間產生騷動。由於我們不同的觀測方式，產生不同的波粒雙重現象。

如果我們把一段連續波峰、波谷切成一連串的單一個體，看成一個個質點，那麼光就是粒子性。如果我們所觀察到的是光波所引發空間騷動效應，那麼光便是波性。

1. 波＝受騷動的介質變化現象

任何水波、音波、光波，都是受波源騷動的介質運動變化現象。

水波，是受波源騷動的水面變化現象。

音波，是受波源騷動的大氣變化現象。

光波，是受波源騷動的真空變化現象。

水波的傳播介質是水面，音波的傳播介質是大氣，光波的傳播介質是真空。

2. 波運動的法則

光傳播於密度等於 0 的真空，到密度很大的透明物質。光波傳播速度也由真空光速 C，再依介質折射率的大小，傳播速度遞減。

音波、水波、光波等所有的波都有相同的傳播形式。擴張到空間中的波長，因為波源運動在各個方向上波長不同。在相對運動中，所有的波都會產生多普勒波長變化。

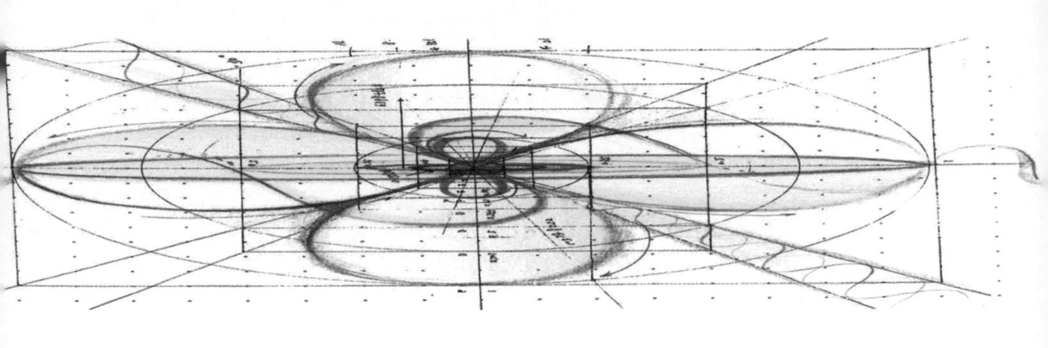

第六章
運動的法則

我們由空間、質量、光速、時間、波動談到運動，
最主要的就是要瞭解：光波如何在時間空間中運動！
所謂運動，指的是運動於所運動的空間，
光波運動於光源所存在的空間。

第一節　運動的真理

學僧問大珠慧海禪師說：

「智慧大嗎？」
「大！」
「智慧有多大？」
「無邊無際。」
「智慧小嗎？」
「小。」
「有多小？」
「小得看不到。」
「什麼是智慧？」
大珠慧海回答說：「什麼不是智慧？」

風在動，旗在動，地球在動，太陽在動。宇宙萬物無時無刻不在運動，運動的真理顯現在旗動風動之中。

第二節　馬赫原理

德國理論物理學家馬赫很愛找牛頓麻煩，他對牛頓的絕對空間提出強烈而有力的質疑。

馬赫說：物體運動不是絕對空間中的絕對運動，而是相對於宇宙中其他物質的相對運動，因此不僅速度是相對的，加速度也是相對的，在非慣性系中物體所受的慣性力不是「虛擬的」，而是一種引力的表現，是宇宙中其他物質對該物體的總作用。物體的慣性不是物體自身的屬性，而是宇宙中其他物質作用的結果。

馬赫又說：地球在自轉，地球繞太陽公轉，太陽繞銀心公轉，所有的質點都在運動。什麼才是絕對空間？運動是相對於哪一不動的空間而言？宇宙中我找不到絕對靜止的座標可作為運動的參考系！

在此，我們可以代替牛頓回答馬赫：運動是質點於時間、空間中的位置改變。運動所指的當然是所運動的空間。例如：

⑴伽利略在地球表面做慣性運動實驗。

⑵美國太空人在月球表面證明：真空中的自由落體，無論質量大小，其墜落速度相等。

兩個實驗的運動質點，分別運動於地球表面和月球表面。

⑴慣性運動實驗的運動質點，是針對伽利略所站的地面靜止座標作為運動的參考系。

⑵自由落體實驗的運動質點，是針對太空人所站的月球表面靜止座標作為運動的參考系。

第三節　光波在什麼空間運動

運動，指的是運動於一定空間。光波的運動也是如此。

例如，車燈光波是相對於車子所存在的靜止路面運動，無論車子靜止不動或運動。

光源產生光波，光波、光源存在相同空間，光波當然運動於它所生成的空間。該空間可能是水中、天空或真空，誰需要另一個以太來讓光波運動？以太是科學家幻想出來的虛擬產物，光波不需要透過相對於絕對空間不動的以太，它在真空、空氣、水或任何濃郁的透明物質傳播。

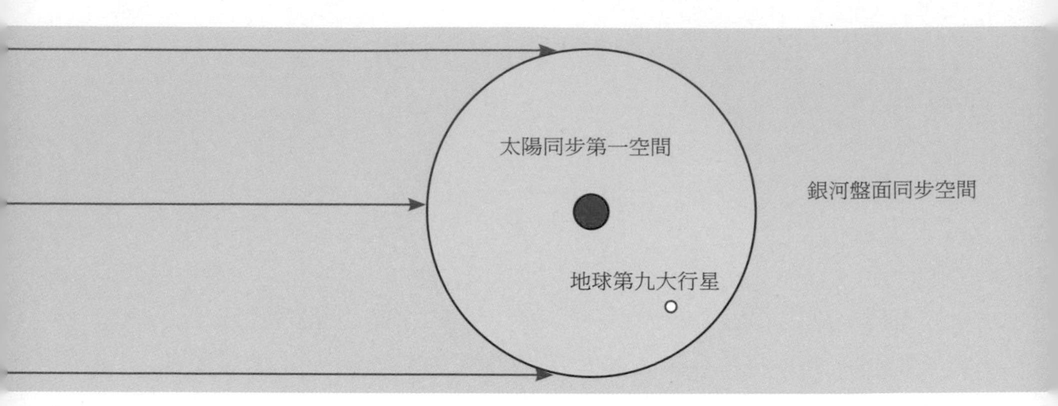

1. 光波當然運動於光源存在的空間

質量體系同步運動空間有地表、地球盤面、太陽盤面、銀河盤面等重重疊疊多重空間，光源所處的同步空間是第一空間。

光波既產生便以常數 C 傳播，與光源的運動無關。但無論第一空間以任何速度運動，在這空間裡面的觀察者相對於光源無相對運動，第一空間等效於不動空間。例如，繞銀心運動的太陽波源相對於九大行星，等效於無相對位置改變的不動波源。

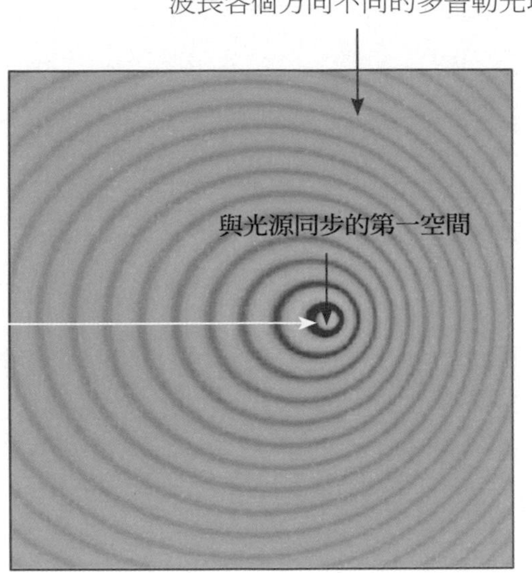

2. 波產生的空間即是第一空間

一切波運動效應，都依第一空間的慣性系展開後續行為。

當波球擴張到第一空間外之後，由於光源第一空間與它所運動的空間有相對速度，輻射光波無法在這空間畫出各個方向相等的波長，而波長各個方向不同的多普勒光球往外擴張。

相同地，在第一空間裡的觀察者觀測外來的星光時，所看到的星光由於本身的運動會偏折產生光行差。

e and M

宇宙之德

M 決定質量體系如何分佈，

e 決定質點於盤面空間中應如何運動。

握無窮於掌心，窺永恆於一瞬

如果，我們能點燃心中的黎明，
無我地融入於任何剎那，
讓自己的心與時空交融，
那麼我們便可以：

從一粒鹽嘗到海洋，
從一株嫩芽看到春天，
從一掬土看到生命的渴望，
從雷雨暴看到質量體系的形成，
從颱風看出銀河星系的運行之道。

由此地，看清 135 億光年半徑宇宙的時空；
由此時、此刻、剎那、瞬間，貫穿永恆。

第七章
時間方程式

如果宇宙創世 135 億年，
對全宇宙所有外星人而言當然都是 135 億年。
宇宙當然有標準時間，問題是：
什麼才是全宇宙統一共同標準鐘？
宇宙的時間方程式是什麼？

凡事均有定時

生有時，
死有時，
栽種有時，
收割有時，
哭有時，
笑有時，
哀慟有時，
跳舞有時……
萬事均有定時，
凡事都得依時間行事。

——《聖經・舊約・傳道書》

時間，時間，有誰知道時間是怎麼回事？

第一節　光是時間的雙胞胎兄弟

我們要讀一本書，必須看懂書中的文字。

要瞭解宇宙，也必須先學會宇宙的語言。

光是真理與人溝通的文字，光波是星星的話語。光波、光速、波長變化、頻率、時間是宇宙共同的語言。我們透過光波的傳遞，得知 135 億光年遠方星星傳來的信息。光與時間是一體兩面，光是時間的雙胞胎兄弟。通過光波的波長、總波數、波速，我們看到時間！

宇宙有統一標準時間嗎？

地球繞太陽公轉一周等於一年，在這段時間中，無論是誰在太陽系中以任何速度運動，對太陽系所有的觀察者而言，這段時間當然也都是一年 365 天！

NBA 最後一場決賽實況轉播，共花兩個小時時間。在這段時間中，雙胞胎哥哥 A 以 0.8 光速離開地球又回到地球，並在來回的旅程中同時觀看球賽轉播。去程他會看到以 1/5 慢速轉播的 12 分鐘賽程，回程他會看到以 1.8 倍快速轉播的 1 小時 48 分鐘賽程。觀察者的速度只會改變所觀測到的波長，而不會改變自己的時間流速。以高速運動的雙胞胎哥哥，保證不會比不動的弟弟來得年輕。

第二節 時間方程式

神創造宇宙時，會令時間以什麼形式描述？
什麼是諸神與天下蒼生的宇宙標準鐘？
全宇宙時空統一的時間方程式是什麼？

起初，神創造天地。地原本是空虛混沌，淵面黑暗。神靈運行在水面上。

神說：「要有光！」就有了光。

有了光，便有了時間。光與時間，同時產生。光與時間，一體兩面。時間與光是雙胞胎兄弟。

光是時間的齒輪，時間是光的計時器。

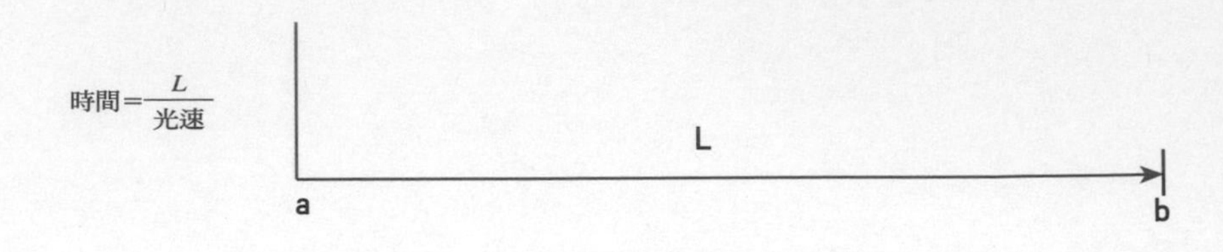

1. 時間＝光的影子（時間＝$\frac{L}{\text{光速}}$）

古代中國智者像早已知道光與時間的秘密，中文稱「時光、光陰」就是在指時間！

我們可以從一根直立長棍的影子，看出早上或中午，也可以由每天中午影子長度知道是春分還是夏至。古代智者早就通過「光」觀測「時間」的變化流動過程。

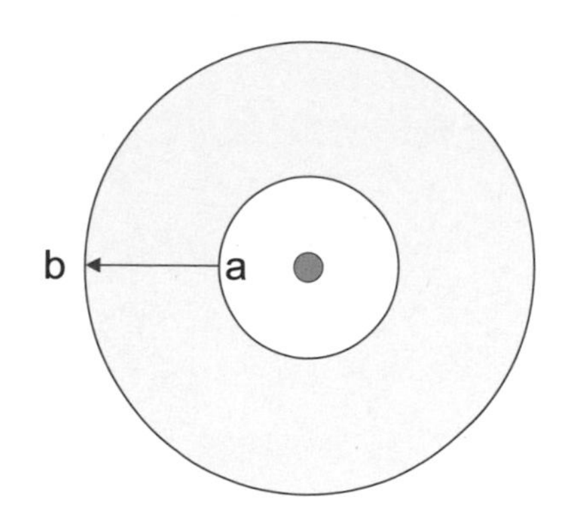

2. 光速 × 時間＝光通過的距離

我們也可以讓光通過由 a 到 b 的一段距離除以光的速度，得知時間長度。

例如，太陽光通過地球軌道 ab 的距離 $=2.592\times10^{10}$ 公里

$$\text{一天的時間}=\frac{2.592\times10^{10}\text{公里}}{\text{光速}}=24\text{ 小時}$$

光陰＝光通過不動觀察者的總長度 ÷ 光速

現在明白為何光與時間是同時產生，一體兩面的「雙胞胎」了。

愛因斯坦說：「我的新構想很簡單，就是建立一個所有座標系都成立的物理學。」

可惜自然不肯乖乖配合，對光波相互傳遞的 AB 相對運動而言，不可能有所有座標都成立的物理學。

在光源與觀察者的相對運動裡，光波可不像愛因斯坦所想的那麼簡單，光波不肯乖乖地只呈現平面直線長度與速度。它會經由改變自己，豐富地記錄著任何變化與相對運動過程。

第三節 光傳遞的相對運動

1. 光波變化＝光源與觀測者相對運動的反映

愛因斯坦把光波看得太簡單，整部狹義相對論完全沒提到光波的多普勒效應，光波像極了基因（DNA），由光波的產生、擴張到被接收，記錄了所有光源 A 與觀察者 B 的相互運動過程。

光波與時間一體兩面、光波是時間的齒輪，光波的積＝時間。宇宙標準時間流速是依通過觀察者的總波數、通過的波長和光速的商計算出來的。

光波的多普勒效應，還原了光源 A 與觀察者 B 的相互運動。如果愛因斯坦先由多普勒波長著手，一定不會提出時間膨脹的理論。

$$A \neq B\sqrt{1-\left(\frac{v}{C}\right)^2} \Longleftrightarrow B \neq \frac{A}{\sqrt{1-\left(\frac{v}{C}\right)^2}}$$

2. 光傳遞的相對運動不能相互轉換

狹義相對論從出發便錯了！因為光傳遞的 AB 相對運動，光源 A 與觀察者 B 不能相互轉換。

A 不動 B 運動，不等於 A 運動 B 不動，
A 運動 B 不動，不等於 A 不動 B 運動。

如果 AB 不能相互轉換，由洛倫茲變換座標的狹義相對論便失去立足的根基。當然也不會有所有的座標系都成立的物理學了。

1848 年，法國物理學家斐索發現了光電磁波的多普勒效應。光波與聲波都會因為波源和觀察者的相對運動產生多普勒效應，因此我們以聲波做思想實驗。

由多普勒效應的波長改變公式，我們便可以看出兩個公式不同，波源 A 與觀察者 B 之間的相對運動，AB 不對稱、不能相互轉換。

波源運動、觀察者不動：$\Delta\lambda=\lambda(1-e)$

波源不動、觀察者運動：$\Delta\lambda=\dfrac{\lambda}{1+e}$

愛因斯坦將上面兩公式合為：$\Delta\lambda=\lambda\sqrt{\dfrac{1-e}{1+e}}$

雖然愛因斯坦希望光波會變成這個樣子，可惜自然不肯乖乖配合。

由於我們目前所能達到的速度太小，乃至無法用光波實驗，但我們可以用聲波、水波做實驗，很容易便可以證明 AB 相對運動不對稱的結論。

例如，一輛以 0.8 音速行進的火車 A 發出汽笛聲，相對於站在下一個車站靜止不動的觀察者 B，在相等時間中，觀察者 B 所聽到汽笛聲變化為 5 倍總波數和 0.2 倍波長。

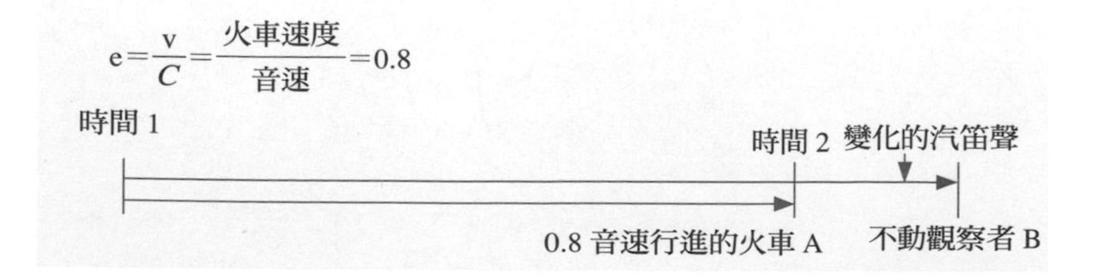

如果我們把它改為：觀察者 B 乘坐一輛以 0.8 音速的火車行進，而發出汽笛聲的火車 A 停靠在車站上靜止不動，在相等時間中，觀察者 B 所聽到汽笛聲變化為 1.8 倍總波數和 0.55555 倍波長。波相互傳遞的波源 A 觀察者 B 的相對運動裡，AB 不能相互轉換！

$5F \neq 1.8F \qquad 0.2\lambda \neq 1.55555\lambda$

F= 通過觀察者的總波數

λ = 觀測到的波長

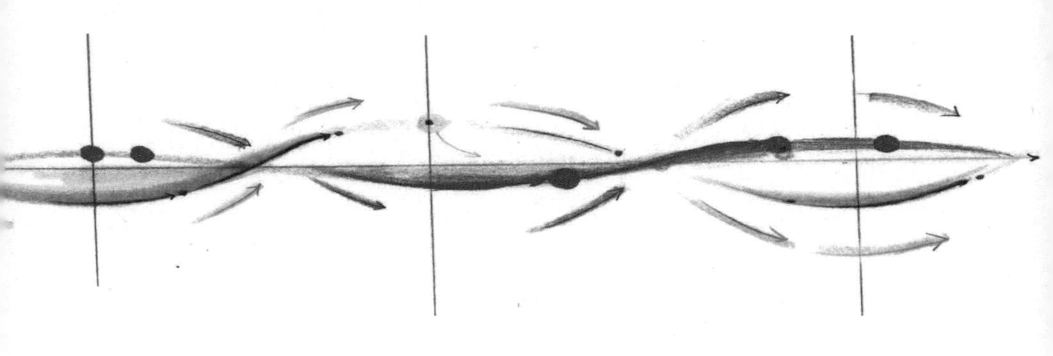

第八章
唯識光速

光速＝通過觀察者的總波數 × 所觀測到的波長 ÷ 時間，
而我們所計算出來的多普勒光速，是人的唯識光速。

唯識觀的輸入解讀

一個蘋果是什麼？
有的人看了，想吃它；
有的人看了，想畫它。
牛頓則從它掉落的過程，發現了萬有引力！

觀看一件事物，人人感受不同。
雖說這是萬法唯心、萬法唯識，
但我們卻真的以唯識觀的方式，看到一個蘋果墜落的過程。

我們不是真正看到一個蘋果墜落，而是它墜落過程中反射的光波通過我們的瞳孔，我們的大腦經由計算通過的總波數、通過的波長，得出我們所看到的顏色與影像。

我們沒有真正看到波長，
我們只是計算每個光波通過我們時，花了多長時間！

第一節　光速不變的真正原因

1. 光速是宇宙中的唯一絕對值嗎？

① 光速是宇宙中唯有的極限值，是宇宙中最高速度。

② 萬法歸一，一歸何處？一歸於光速。

一切由光速比 e ＝ V÷C ＝ 1 開始，展開宇宙統一標準語言的物理公式，e 決定質點於質量體系盤面應該如何運動。

2. 光速不變的真正原因

斐索實驗證明光速與參考系的運動無關，在所有慣性系中，真空光速也真的都等於不變常數 C，為何光速不會因為光源或觀測者的相對速度而改變？

問題出在我們觀測光波的方式上，事實上我們不可能真正丈量一道在空中劃過的光波！我們是讓光通過觀測的鏡片、天文望遠鏡鏡頭、瞳孔的方式看到光波！

雖然光源與觀察者之間有相對速度，但神奇的是：大自然很巧妙的將觀察者與光源之間的相對速度，通過多普勒效應轉換化為無形，乃至形成：

無論我們以任何速度運動所觀察到的光速都相同！

我們再一次以聲波做思想實驗：如果我們站在月台上不動，聽到以 0.8 音速開進車站的火車汽笛聲時，會聽到汽笛聲變化為 5 倍總波數和 0.2 倍波長。

如果我們乘坐於 0.8 音速的火車，聽到停在車站不動的火車汽笛聲時，會聽到汽笛聲變化為 1.8 倍總波數和 0.55555 倍波長。

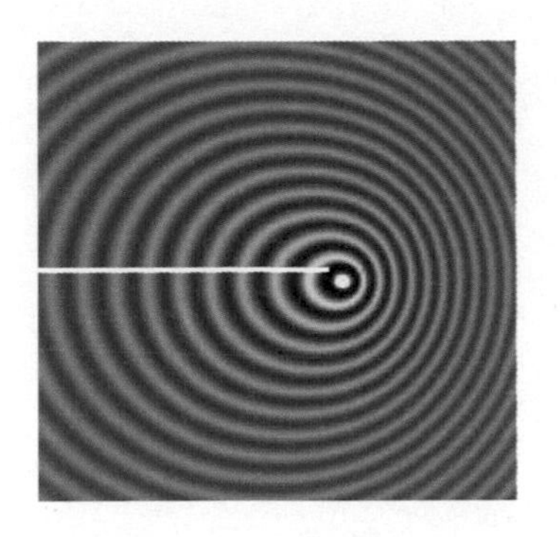

如果我們由自己所聽到的總波數、波長逆求相對速度的音速時，神奇的事情發生了！

原本以為的相對速度竟然消逝於無形，無論聲源以什麼速度行進，或觀察者以任何速度朝向在空間傳播的聲波，所計算出來的音速都不變。

$$\text{音速 } C=\frac{F\times\lambda}{1}=\frac{5F\times0.2\,\lambda}{1}=\frac{1.8F\times0.55555\,\lambda}{1}=C$$

F= 通過觀察者的總波數

λ = 觀測到的波長

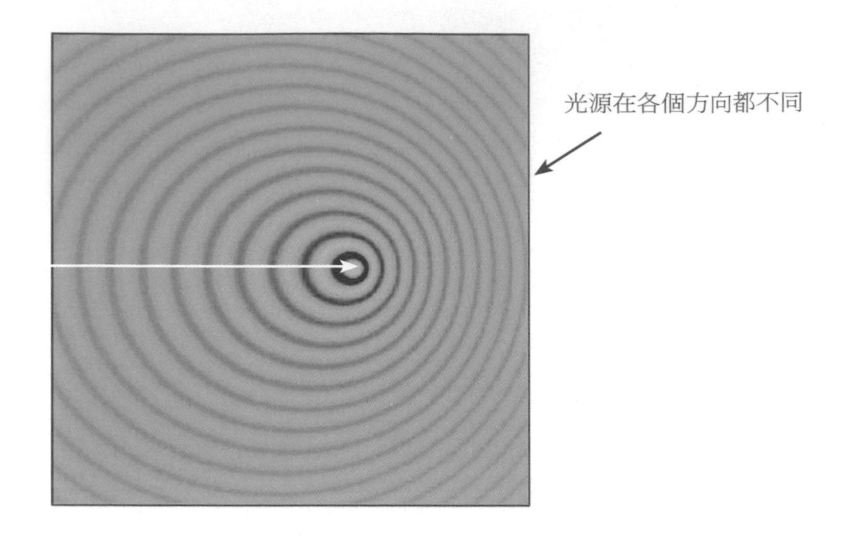

為何會這麼神奇呢？

由於光源 A 的運動，每發射一個波與下一個波之間發射位置改變，使得輻射往四周的波長都不同。運動前方波長被壓縮，後方波長被拉長。雖然波既產生便以波速 C 在空間中傳播，與波源運動無關。但是，波於產生的剎那，會因為波源運動改變傳往空間的波長。

運動波源，無法輻射四向均同的波長，它會形成第一階段的多普勒波長！

第二節　唯識光速的奧秘

唯識光速＝多普勒光速

把音波的相對運動的例子推廣到光波的思想實驗情況也相同：

無論觀察者以多快的速度行進，所觀測的光波都是來自相對運動方向前後方，雖然通過觀察者的真正光程長度 ÷ 時間並不是光速，但依他所測量的總波數 × 波長＝通過的時間永遠等於光速 C。由感官計算出來的光速＝唯識光速＝多普勒光速！

無論我們以什麼速度行進所看到的光速都是：

$$\mathrm{C}=\frac{F\times\lambda}{t}=\frac{\Delta F\times\Delta\lambda}{t}\text{。}$$

在所有慣性系中，無論光源或觀察者如何運動，所看到的光速都相同為常數 C！

我們沒有真正看到光速，我們所看到的是唯識觀的多普勒光速。

相對速度變化與多普勒效應神奇地相互抵消了，這正是唯識光速最神奇美妙的奧秘。

第三節　時間是絕對的

我們再用聲波的思想實驗結果求 A、B、C 三者所花的時間：

1. 原汽笛發聲的總波數、波長。
2. 波源火車 A 運動，觀察者 B 靜止不動。
3. 波源火車 A 靜止不動，觀察者 B 運動。

在相等時間中，三種狀況 ABC 三者的總波數與波長的積都相同：

$F \times \lambda = 5F \times 0.2\lambda = 1.8F \times 0.55555\lambda$

汽笛所發出的總波數 × 波長＝第一例中觀察者所聽到的總波數 × 波長＝第二例中觀察者所聽到的總波數 × 波長。

逆向回求時間長度：總波數 × 波長 ÷ 音速＝時間，所得的時間長度也完全相同。

$$\text{時間 } t = \frac{F \times \lambda}{C} = \frac{5F \times 0.2\lambda}{C} = \frac{1.8F \times 0.55555\lambda}{C}$$

我們察覺光波長度不是以它在空間中所畫出的真正長度，而是以它通過我們時花多長時間統計出來的。例如，觀察者以 0.8 光速面對光波時，一單位時間中通過他的整段光程等於 1.8C，而他所觀測到的是 1.8 倍總波數和被壓縮為 0.55555 波長，換算回來時神奇的波速還是等於光速 C。

同樣的觀察者以 0.8 光速遠離光波時，一單位時間中通過他的整段光程等於 0.2C，而他所觀測到的是 0.2 倍總波數和被拉長為 5 倍的波長，換算回來時神奇的波速還是等於光速 C。

$$\textbf{光波速度}\ C=\frac{F\times\lambda}{1}=\frac{1.8F\times0.55555\,\lambda}{1}=\frac{0.2F\times5\,\lambda}{1}$$

$$\textbf{時間}\ 1=\frac{F\times\lambda}{C}=\frac{1.8F\times0.55555\,\lambda}{C}=\frac{0.2F\times5\,\lambda}{C}$$

F= 通過觀察者的總波數

λ = 觀測到的波長

其實我們完全不需要愛因斯坦在狹義相對論裡對光速為常數 C 的奇怪解釋，在以任何速度行進中的觀察者所計算出來的唯識光速永遠等於 C ！

這表示：在波傳遞的相對運動裡，波源 A 與觀察者 B 雙方無論以什麼速度運動，都可以藉由他們自己所觀測到的總波數 × 波長，還原計算出時間的流速，無論觀察者以任何速度運動，都不會改變時間的流速。

如同我們分別以快、慢的轉速觀看一張 DVD 或聽一張 CD，時間的流速會與正常時一樣，唯一會改變的只是我們讀取整張 CD 的時間與聲波長度。時間的流速一定不會因為我們以高、低速度讀取 CD 而變慢，我們也保證不會老得比雙胞胎弟弟慢。

在慣性系中，所有的物理定律都相同，時間也是如此。對全宇宙所有以任何速度運動的觀察者，時間的流速完全相同：

$$\text{時間方程式} = \frac{\text{通過的總波數} \times \text{所觀測的波長}}{\text{光速}} = \frac{\Delta F \Delta \lambda}{C} = t$$

A、B、C 都成立的「時間方程式」

光遍佈宇宙，光波無所不在，任何生物本身一生都持續不斷地發射電磁波。以光速傳播的光電磁波是宇宙統一標準的計時器，光波是時間的齒輪！

這個時間方程式對觀察者 B 有效，對光源 A 和空間中傳播的光波 C 也一樣成立。

對發光源而言，時間＝一生所發射的總波數 × 波長 ÷ 光速；對接收者而言，時間＝通過自己的總波數 × 所觀測到的波長 ÷ 光速；對運動於空間中的光波而言，時間＝一段波程的總長度 AB÷ 光速＝總波數 × 波長 ÷ 光速。

無論光源與觀察者如何運動，會改變的是原輻射波長與被觀測到的波長改變，不會因為光源或觀察者本身的速度而改變時間的流速。

$$\text{時間方程式}\ t = \frac{F\lambda}{C} = \frac{\Delta F \Delta \lambda}{C}$$

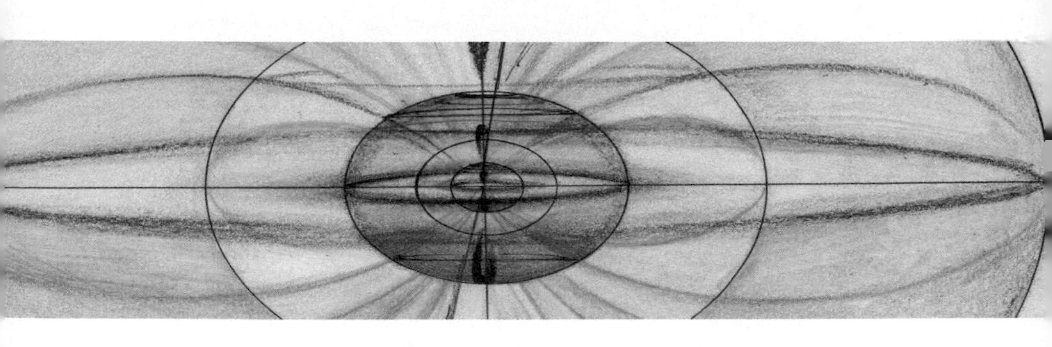

第九章
波動的四個規則

運動必然運動於一定空間，水波、音波、光波的傳播運動，
當然是運動於波源所存在的空間。波源 A、觀察者 B、
運動的光波 C 三者同處於質量體系同步運動空間，
等於光源沒有運動。波源與觀察者位置不變，
觀察者所觀測到的波長、波速當然不會改變。

第一節　任何波的多普勒效應都產生於四個定理

1. 思維要依據真實現象

「宇宙是什麼？波動是什麼？」

早在有能力思維這個問題的智能生物誕生之前，宇宙已經存在很久很久了，時間也早已經流動很久很久了。

一位乘坐時光機，來到遠古時代的尼安德塔人，是沒有能力想像電腦究竟是如何計算、運作的。我們只能經由已經存在的現象來思考事物，至於存在之前是無法想像。

釣竿、漁網、漁槍，都只是為了把魚帶回家。研究光波運動，無論我們是透過水波、音波，還是以各種不同方法研究光波，都是為了發現波的傳播真相。

2. 光波、音波、水波都相同嗎？

所有的波都有相同形式的傳播規則：波既產生便以一定速度傳播擴張，與波源的運動無關。

水波的傳播介質是空間中的水，音波的傳播介質是空間中的空氣，光波的傳播介質是真空。

唯一的差別是：光波可以在真空、空氣、水中傳播，音波透過空氣、水傳播，水波只能透過水傳播。

光波不需要透過相對於絕對空間不動的以太傳播，光波能在真空、空氣、水或任何濃郁的透明物質傳播，只是光波的傳播速度會由於傳播介質的折射率而改變速度。

愛因斯坦發表狹義相對論，是為了解決麥克斯威爾的電磁學方程式真空光速為恒定常數 C，無法在伽利略轉換下，從一個座標系轉換到另一個座標系而光速保持不變。最讓當時的科學家們難以理解的是第二條光傳播定理：

❶ 在所有慣性系中，物理定律都相同。

❷ 光既產生便以光速 C 在空間中傳播，與光源運動無關。

由於先自我認定光波一定是傳播於不動的絕對空間中的以太，光既產生便以真空光速 C 在以太中傳播，與光源（地球）的運動無關，因此運動中的地球相對光速會有不同值。

但為何實驗證明在運動中的地球所看到的光速都相同？其實我們不應該由此便急著設法提出新理論來解釋這種現象，而是先要研究出光波傳播的真正變化過程。由波的多普勒效應我們應該看得出來，光波傳遞的相對運動只訂了兩條定理是不夠的，也不合乎真實狀況。宇宙在動、星系在動、太陽在動，所有一切都在運動，宇宙中沒有完全靜止不動的質點存在。

運動中的光源 A 由於本身的運動狀態，無法發射四個方向都相同的光波。

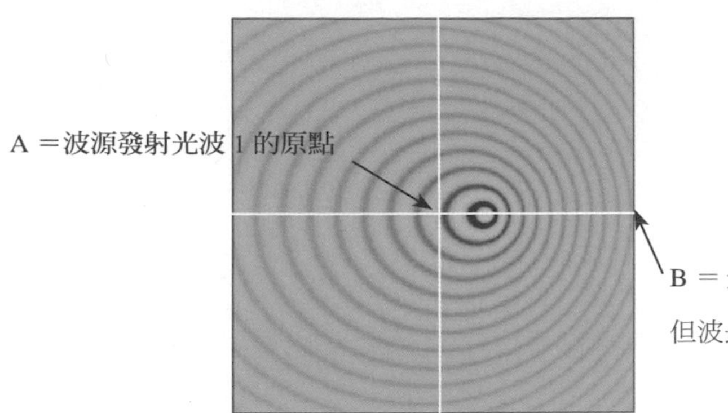

擴張到空間中的波長，因為波源運動，而在各個方向上波長不同。

$$\Delta\lambda_1 = \lambda\left(\sqrt{(e\cos\theta)^2 + 1 - e^2} - e\cos\theta\right)$$

任何波的多普勒效應都產生於四個定理：

(1)在所有慣性系中，物理定律都相同。
(2)任何波速都以自己的不變常數 C 運動，與波源的運動狀態無關。
(3)波源的運動狀態會改變往空間各方向擴張的波長。
(4)觀察者接收波時的運動狀態也再次改變空間波長。

第二節　光波三部曲

❶ 光源 A 原本發射一定的光波，

❷ 但由於自己的慣性速度使得原波長在各個方向有不同的波長改變，形成一個在空間中擴張的多普勒光球。

❸ 而運動中的觀測者 B，在讀取多普勒光球時，因自己速度和運動方向，再度改變所觀測的波長。

於是，一個 A 光源原發射波長到通過 B 觀察者會經歷三個步驟：

❶ A 原本發射的波長：$\lambda_0=\lambda_0$

❷ 在空間中傳播的多普勒波長：

$$\lambda_1=\lambda_0\left(\sqrt{(e\cos\theta)^2+1-e^2}-e\cos\theta\right)$$

❸ 通過觀測者 B 的波長：$\lambda_2=\lambda_0\dfrac{1}{\sqrt{(e\cos\theta)^2+1-e^2}-e\cos\theta}$

第三節　讀取事件時間的伸縮變化

$$t_1=\frac{F_1\lambda_1}{C}\neq t_2=\frac{F_2\lambda_2}{C}$$

雖然時間永遠以光速行進，速度不變，但由於宇宙中所有的質點都在運動，A 事件發生與讀取事件 B 的時間長度因 AB 的相對運動而不同。如同 DVD 的錄影與讀取速率可以不同一樣，一段 10 分鐘的故事可以用不同速率錄影、不同速率播放，原本 10 分鐘故事的時間長度也因此改變。

光源 A 發光子剎那與觀測者 B 之間的距離：$L_1 = A_1B_1$

觀測者 B 收到光子剎那與光源 A 之間的距離：$L_2 = A_2B_2$

A、B 之間真正的光程：$L_3 = A_1B_2$

事件 A 傳至 B 觀察者所花的時間：$t = \frac{A_1B_2}{C}$

觀察者 B 讀取事件 A 的時間延遲，是依事件 A 發光原點，而不是 AB 的距離。

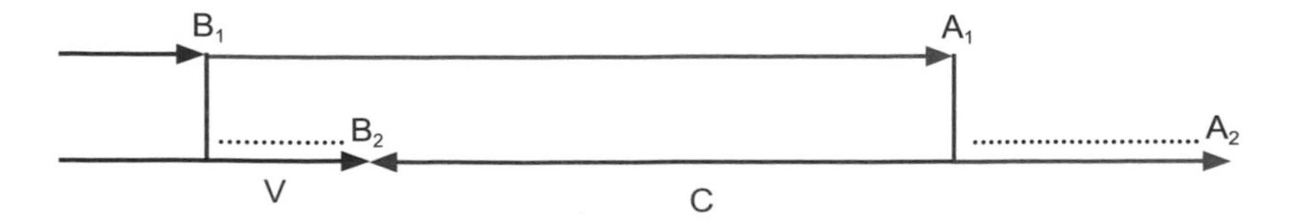

光源、觀察者存在的空間就是光所傳播的以太！

光波運動不需要先設想有個特別介質「以太」，然後又設想真空光速，是光波在不動的以太之海的運動速度。因此，相對於以太運動的觀察者所看到的光速一定具有不同速度。

事實證明宇宙中沒有以太，也不需要有個洛倫茲變換來取代伽利略變換。

所謂運動指的是在運動的空間位置改變，而運動的空間當然是波源、波、觀察者三者共同存在的空間。如同火車聲波運動於與火車和不動的觀察者所共同存在的大地，水波傳遞於和波源所運動的相同水面上。

A、B、C 三者所處的空間

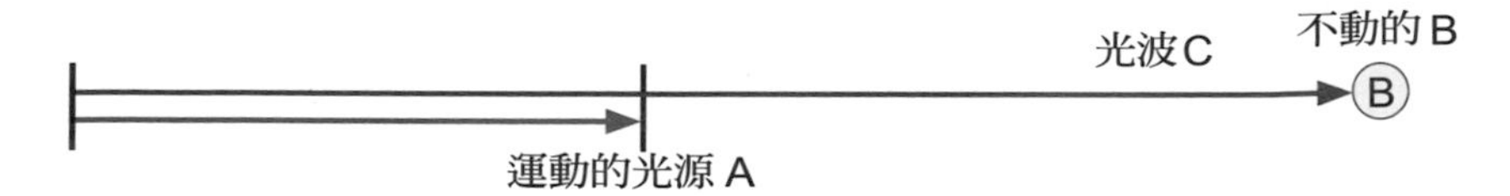

宇宙沒有以太，那麼傳播光波的介質是什麼？

由麥克斯威爾預言光電磁波的真空速度為光速 C ！

我們應該可以看出：光波是宇宙中速度的極限，光在不同介質有不同速度，在水中傳播速度為 0.75 光速，在真空才達到光速極限，真空是光波傳播的基本介質。

水波通過水傳播，音波通過空氣傳播，光波通過真空傳播！

陽光輻射於太陽盤面空間，光波當然運動於光源所存在的空間。

第四節　多普勒效應總時間不變

1. 一切以多普勒效應為依歸

運動波源無法發射各個方向都相同的光波！運動波源所發射的光波，必然因本身的速度而造成每個波的發射原點改變。由此原輻射波長變成各向不均的多普勒波長。

我們應該把「波的多普勒效應」視為波傳遞相對運動的最高準則，它應具備波傳遞的所有內涵：

⑴運動波源 A 的原本發射波長。
⑵波以常數 C 在空間傳遞。
⑶運動觀察者 B 觀測的波長變化。
⑷接收波長的多普勒紅移印記 Z。

因為波的多普勒效應＝波傳遞相對運動的 DNA。

2. 一切以伽利略轉換為依歸

一切波運動都相同，如果伽利略變換對聲波、水波的相對運動有效，光波的狀況也相同。

在此我們採用古典力學相對性原理要求，又多增加了對波傳遞的相對運動兩個基本原理：

(1)在所有慣性系中，物理定律有相同的表達形式。

(2)一切波傳遞的相對運動在伽利略變換下都具有協變性。

至於波既產生便以一定波速 C 在空間中傳播，與波源運動無關。

波源、波傳遞、觀察者三者所運動的時空背景問題，多普勒效應就展示得很明白。波傳遞的相對運動，一切以多普勒效應為依歸，一切以伽利略變換為依歸。

如果狹義相對論的時間理論不對，問題出現在哪裡？

替一個問題找答案，往往最好方法是由出現問題的地方開始找，而不是隨著問題的思路找下來。正確的答案常常隱藏於問題之前。為麥克斯威爾電磁學方程式與伽利略變換相互矛盾的問題找解答之前，讓我們從問題的源頭開始思考。

麥克斯威爾的電磁學方程式的真空光速為常數 C，無法在伽利略變換下，從一個座標系轉換到另一個座標系而光速保持不變。當時的科學家們認為：光波需要特殊介質傳播，而提出了以太假說。美國物理學家麥克爾遜一莫雷，為求出地球相對於以太之海的相對速度大小，而做了多次精密的光波實驗，結果證明：慣性系中任何方向光速都相同。

從這段歷史，我們看出了什麼？

⑴以太與慣性系之間的相對速度等於 0，或是宇宙根本沒有以太，光波純粹只運動於實驗室空間。

⑵它違反了第一條定律：

在所有慣性系中，物理定律有相同的表達形式。

光波傳播的物理定律與音波、水波也應該都相同，音波、水波既產生，便分別以自己的常數 C 在空間中傳播，與波源運動無關。因此在伽利略變換下，從一個座標系轉換到另一個座標系，波速保持不變是不可能的。

麥克斯威爾的電磁學方程式的真空光速為常數 C，在伽利略變換下波速保持光速 C 不變，也同樣是不可能的。

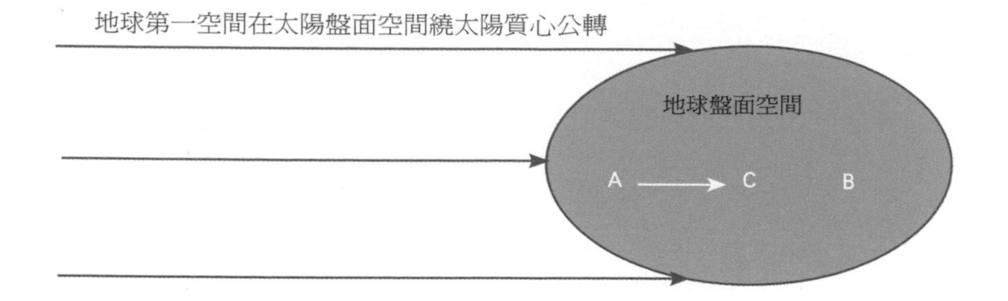

3. 同步運動空間之內＝不動空間

為何所有的實驗證明，在運動的地球所看到的光速不變呢？

因為運動必然運動於一定空間，水波、音波、光波的傳播運動，當然是運動於波源所存在的空間。如同船（波源）與水波都運動於大海，相對於站在海中不動的觀察者，大海是不動空間。

地球帶著月球和整個盤面繞太陽公轉，與地球同步運動空間之內等效於不動空間。波源 A、觀察者 B、運動的光波 C 三者同處於地球同步運動空間之內，等於光源沒有運動。波源與觀察者位置不變，觀察者所觀測到的波長波速當然不會改變。

愛因斯坦所舉的例子：運動的火車波源 A 與車站不動的觀察者 B 的思想實驗是不恰當的。在同處於地球同步運動空間中的 A、B、C 三者，等效於都在運動的火車之內，光源 A、光波 C 與觀察者 B 都同處於相同的不動空間。

4. 多普勒效應總時間不變

多普勒效應如同我們以不同速率觀看影片。正常的影片播放會每秒鐘播出 24 格畫面，每通過一格畫面所花的時間＝ 1/24 秒鐘。

如果以 10 倍速率快速播放時：觀眾一秒鐘內所看到的是以 1/240 秒通過的 240 格畫面。

如果以 1/3 速率慢速播放：觀眾一秒鐘內所看到的是以 1/8 秒通過的 8 格畫面。

雖然所看到的劇情播放速率不同，但我們在三種狀況都花了相同時間：

1 秒鐘＝ 24×1/24 秒＝ 240×1/240 秒＝ 8×1/8 秒

我們不會因為高速觀看影片，而老得比較慢。

牆上的時鐘也不會因為我們以不同速率觀看影片，而走得比較快或比較慢。

我們觀測水波、音波、光波的情況也完全相同，由於光源和觀察者相對運動，觀察者的時間流速不會改變。

時間＝通過的總波數 × 通過的波長 ÷ 波速

第十章
光源同步空間＝第一空間

質量體系存在於空間，運動於空間，自己本身也是個空間。
宇宙有多重空間，與光源同步運動的空間即是第一空間！

空間有兩種

圍籬有兩種：
一種是將動物關在裡面，
一種是將猛獸隔絕在外面。
——非洲箴言

空間也有兩種：

一種是質量體系同步運動空間，
一種是質量體系所存在、所運動的空間。

第一節　什麼是第一空間

❶ 宇宙中有重重疊疊多重空間。每一質量體系都具有盤面同步運動空間，例如，地球帶著月球同步運動、太陽帶著九大行星同步運動、銀河帶著 2000 億恒星同步運動，同步運動空間之內等於不動空間。

❷ 光波運動於光源所存在的空間，光源的同步運動空間，即是第一空間。

如果當初科學家發現音波時，定義出：音波既產生便以常數 331.5 米／秒速度傳播，與音源運動無關，並沒有造成科學界的困擾，是因為音波透過空氣或固體在大地傳播，沒有相對運動的伽利略變換問題。

光波、音波、水波三種波，都是波既產生便以自己不變的波速傳播，與波源運動無關。

音波、水波的例子，我們不要求在伽利略變換下波速保持常數不變，只因為不知道光到底透過什麼介質傳播，就特別要求光波要保持常數？

違反了力學相對運動的第一條定律：「在所有慣性系中，物理定律有相同的表達形式。」

這是當初科學家們自以為是的錯誤看法，加上麥克爾遜－莫雷的實驗證明，慣性系光速各個方向都相同，更加強他們的論點，認為伽利略變換與麥克斯韋的電磁學方程式不相容。

麥克爾遜－莫雷 0 結果實驗證明：慣性系中任何方向光速都相同。

這表示以太與慣性系之間的相對速度等於 0，或是宇宙根本沒有以太，光波純粹只運動於實驗室空間。現在我們知道宇宙沒有絕對空間中的以太之海，以太是科學家自己虛擬的產物。

如果麥克爾遜－莫雷在實驗室對音波、水波做同樣的實驗，結果必然是：慣性系中任何方向音速、水波速度都相同。

由此處開始，思考的方向有兩條路徑可以走：

第一條是愛因斯坦所選擇的：觀察者本身的速度造成時間膨脹、距離收縮。

第二條思考的路徑是：光波純粹只運動於光源產生的實驗室空間，而這個空間對光而言等效於不動空間。

那麼光波為什麼和運動中的地球沒有相對速度？

光波既產生便與波源的運動狀態無關。在麥克爾遜—莫雷實驗的例子：波源、波傳播的路徑與最後接收波的觀測點都在完全相同的實驗室空間裡，它們三者相互之間的空間位置沒有改變，等同於波源的運動速度等於 0。

如同停在鐵道中間不動的火車所發出的汽笛聲波，傳到前後兩位相同距離不動的觀察者時，音波傳播的時間相等，波長也沒改變一樣，因為三者都存在相同的不動空間。

但地球公轉速度不等同於波源的運動速度嗎？

因為實驗室中的光源、光路徑和最後觀測點三者，都同處於地球同步運動的慣性空間！在同步空間裡，如同靜止不動空間一樣。例如，音速飛機裡的飛行員所聽到的噴射引擎聲波的波長不會改變，當聲波傳到飛機外，才在外面的天空形成四個方向不同波長的多普勒波球往外傳播。

這個與波源同步運動的空間，我們稱它為波產生的第一空間！

例如，太陽帶著地球同步繞銀心公轉，無論地球公轉到太陽的哪一個方向，所觀測到的陽光波長都不會改變。相對於太陽波源，地球存在於與陽光波源同步的第一空間。

由另外一個角度思考：我們也知道宇宙中沒有牛頓的絕對空間，光產生後第一個可以作為運動基礎的，理所當然是波源所存在的空間，當光擴張到非波源同步空間後，才會依物理條件改變。

不可能在光產生剎那，就預先得知光源空間與牛頓絕對空間之間的相對速度，然後遵守絕對空間的規律來相對於自己所誕生的光源空間，更何況宇宙中沒有所謂的牛頓絕對空間。

如果當初愛因斯坦由這角度展開思考，他會發現的可能不是狹義相對論，而是發現：

波產生的空間即是第一空間！

第二節 光源同步空間

光波既產生便以不變常數 C 傳播，與光源的運動無關。一切波運動效應，都依第一空間的慣性系展開後續行為。當波球擴張到第一空間外，便因為光源的第一空間運動呈波長各個方向不同的多普勒光球往外擴張。

麥克爾遜－莫雷實驗：光源、兩道光路徑、接收點都在相同的第一空間裡，實驗的結果當然是：慣性系所測出的光在各個方向都相同。

地球繞太陽公轉，地球也同時帶著盤面內的月球、人造衛星、地球內外太空所有微塵一起繞太陽公轉，如同協和超音速飛

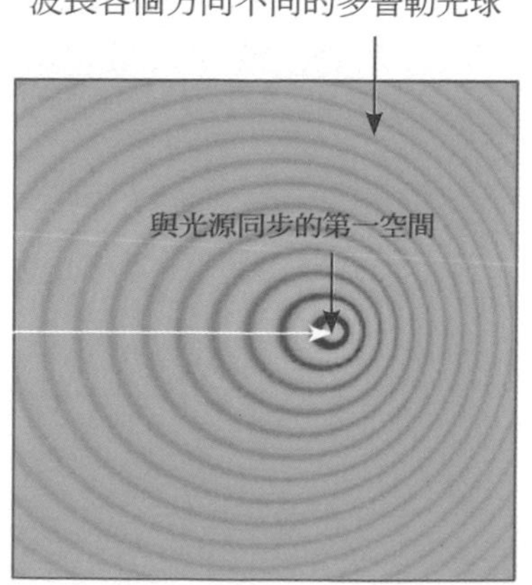

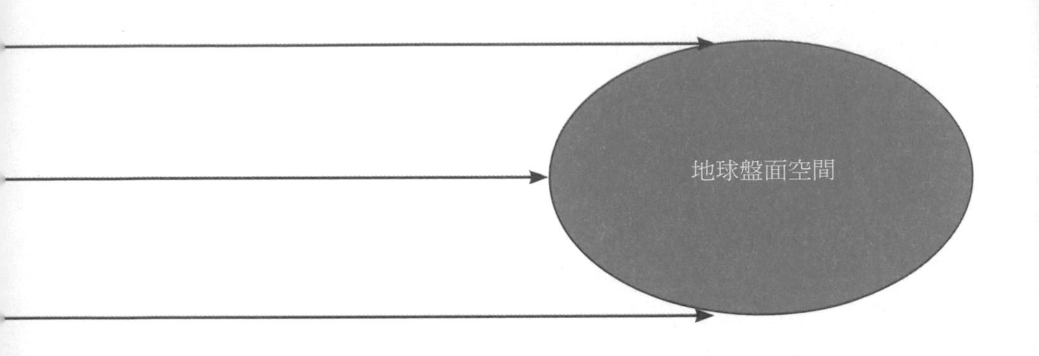

機帶著乘客和艙內空氣、氣壓以超音速同步飛行。我們稱這一起同步運動空間為第一空間。在地球同步第一空間裡：月球、人造衛星、地表上所看到的光行差傾斜角度都相同。

外來的光波進入慣性系時會改變，呈傾斜角度而造成光行差的錯覺。

例如，地球因為公轉所看到最大光行差傾斜角為：20.535 弧秒。

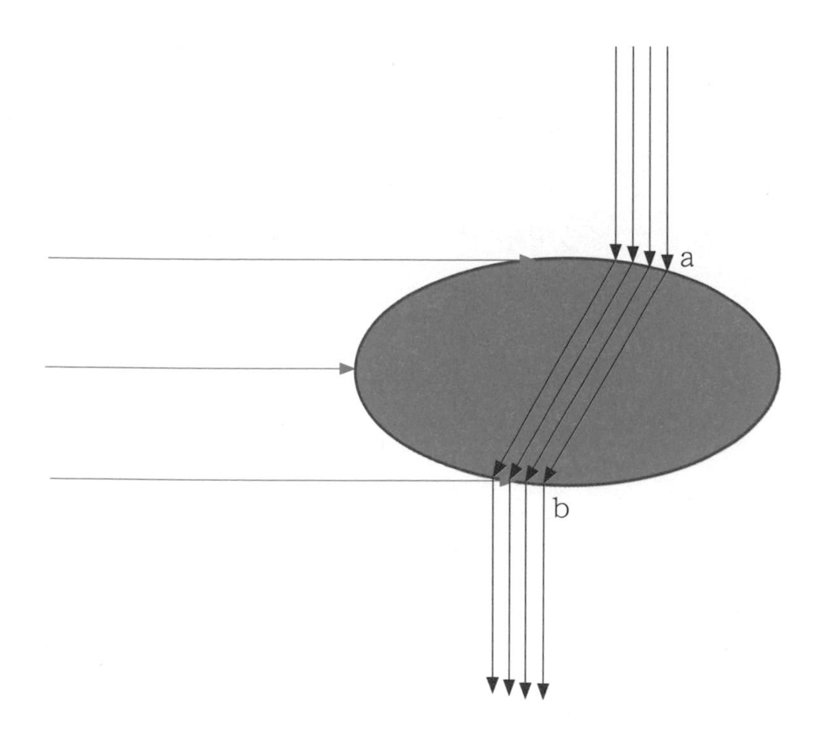

⑴慣性系外的光由 a 點垂直進入運動中的慣性空間。

⑵慣性系中的觀察者所看到的光是呈傾斜狀態。因為時間 1 時光在 a 點，而在時間 2 時光在 b 點。

⑶外來的光又由 b 點垂直穿出運動中的慣性空間。

從地球第一空間的角度看：由於地球空間隨著時間在太陽盤面空間中位移，星光由 a 點進入盤面、由 b 點離開，因此看到星光呈傾斜的光行差錯覺。

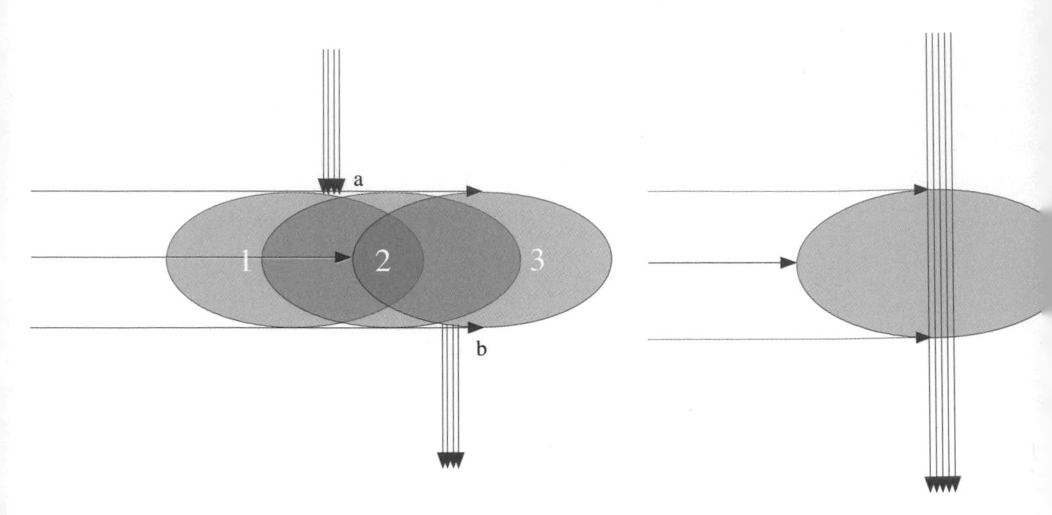

（1、2、3，三段時間運動的慣性系與外來的光波之間的關係變化圖。）

光行差＝宇宙級數的雨中行車

從右圖可以看出另一個光波定理：

光既產生便以一定的方向和不變常數 C 的速度擴張，與光源的運動狀態無關，不會因為通過不同慣性系改變方向。

無論有沒有慣性系，以任何速度穿過的光永遠直線通過它所運動的空間。如同雨永遠對著地面垂直下降，無論有沒有人正開車疾行通過。

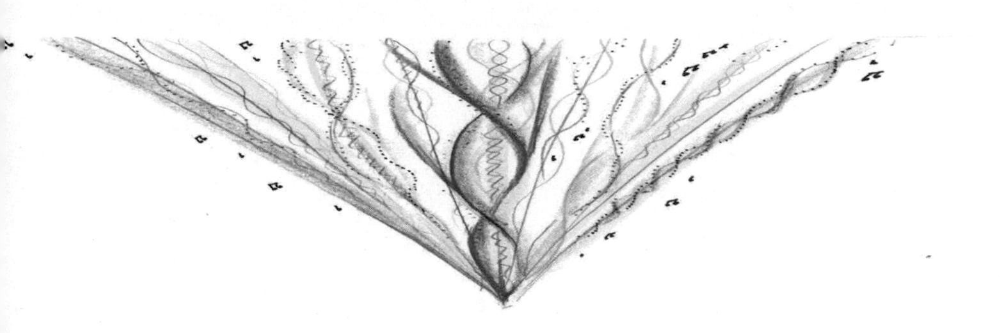

第十一章
一單位時間有多長

光速有宇宙共同標準，時間也是如此。
我們的一秒，是人為規定的時間長度，不是宇宙標準。
宇宙標準的一單位時間＝ 3853.96278 地球秒。

魚只有兩種：
「一種在大海裡，一種在自己的網子裡。」
人與魚之間，只有一個網子的距離。

時間只有兩種：
一種是過去，
一種是未來。
過去已逝，
未來還沒到來。
人踩在過去與未來之間，
抓不住剎那瞬間的現在。

第一節　時間屬於物理量

時間屬於物理量嗎？

力學公式系統裡的任何單位必屬於物理量。在力學公式的系統裡，時間＝周長÷速度＝距離÷光速，因此時間當然是物理量。

如同光速是宇宙中的最高速度，光速是全宇宙所有外星人都統一的標準，時間當然是全宇宙所有外星人都統一的標準！問題在於我們如何求出時間的標準計算方法。

數學是物理的統一語言，數學是進入真理大門之鑰。

我一直很喜歡看科普書籍，如《何必管別人怎麼想》、《理性之夢》、《全方位的無限》、《光錐蛀孔宇宙弦》、《物理之終結》、《優雅的宇宙》、《愛因斯坦之夢》等等。

有一次在一本書中看到一則公式：

行星公轉週期 $T=2\pi\sqrt{\frac{R^3}{GM}}$

週期 T 不是應該等於公轉軌道周長除以公轉速度嗎？趕快拿出計算器一算，答案竟然真的一模一樣！從此，我便迷上物理的恒等式（無論公式怎麼配置，等號的左右兩邊都一樣）。

由週期公式，我看出一個事實：週期必定等於周長除以速度，行星公轉週期的時間長度必然是兩段幾何長度的商。因此分母的 *GM* 平方根的最後真實意義一定是一段長度距離。

質量＝速度平方 × 半徑

於是便將牛頓重力常數 G 去掉，把質量描述為速度平方 × 半徑。因此行星公轉週期公式，便回到一般的普遍形式了。

$$\text{行星公轉週期}\ T=2\pi\sqrt{\frac{R^3}{V^2R}}=2\pi\sqrt{\frac{R^2}{V^2}}=\frac{2\pi R}{V}=\frac{\text{公轉周長}}{\text{公轉速度}}$$

牛頓將力學公式的密度 ρ 與重力 g 定義為：

$$\text{地球平均密度}\ \rho = \frac{5.977\times10^{27}\ \text{克}}{\frac{4\pi}{3}\ 637800000\ \text{釐米}^3} = 5.499726616\text{水密度}$$

$$\text{重力}\ g = \frac{G\times5.977\times10^{24}\ \text{千克}}{6378000\ \text{米}^2} = 9.892343632\ \text{米}/\text{秒}^2$$

不同單位如何相互乘除？
密度＝克質量 ÷ 立方釐米體積？
重力＝牛頓重力常數 G× 千克質量 ÷ 米面積？
為何求密度時：質量 ÷ 體積，但不需要乘上重力常數 G ？
求重力時：質量 ÷ 面積，又需要乘上 G ？
牛頓的重力常數 G 是從哪裡冒出來的？

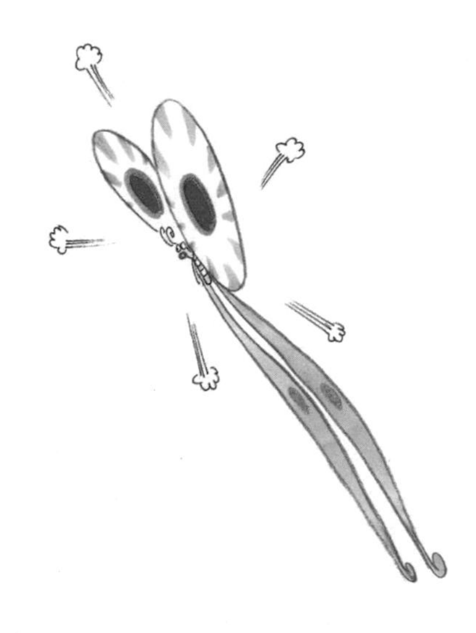

第二節　牛頓重力常數 G

牛頓重力常數 G 是為了使千克質量變成立方米質量

當年牛頓為何要加入重力常數 G ？

因為牛頓把地球質量定義為重量單位：

地球質量 M ＝ 5.977×10^{24} 千克。

牛頓由月球公轉的向心墜落距離，算出地球表面的引力 g 大約等於：墜落距離 9.8923 米／秒 ^{2}。

g ＝速度平方 ÷ 半徑，牛頓在知道以上數據後，要給出正確公式，只好增加重力常數 G，讓千克質量變成立方米單位。

牛頓當年都可能連自己也不知道加入 G 的內在真實意義。

於是便形成以下形式：

5.977×10^{24} 千克×重力常數 G＝$4.024094991 \times 10^{14}$ 立方米
＝ 7943.1333 米^2×63780000 米

$$\text{重力 } g = \frac{7943.133367\ \text{米}^2}{6378000\ \text{米}} = 9.892343632\ \text{米／秒}^2$$

由此，我知道把質量描述為立方體積才是更普遍的宇宙公式！如此一來便不會像牛頓一樣有不同單位相互乘除的情況發生，也不再需要牛頓的重力常數 G 了。

第三節 牛頓力學兩質量間的相互引力的真正內涵

1. 牛頓力學兩質量間的相互引力的真正內涵是什麼？

省去牛頓重力常數 G 的公式更易於理解引力的真諦，牛頓力學引力真正內涵是：

質點於任何其他質量體系作用力範圍，必受該體系公轉速度 V 和光速比平方 e^2 影響。

兩質量間的相互引力＝質量$_1$× 質量$_2$的重力＝質量$_2$× 質量$_1$的重力＝質量 × 加速度＝力＝ F

$$F=\frac{m_1 \times m_2}{r^2}=m_1\times\frac{m_2}{r^2}=m_2\times\frac{m_1}{r^2}=m_1g_2=m_2g_1=ma$$

g ＝ 1 宇宙秒時間的作用力

1 宇宙秒＝ 3853.96278 地球秒

2. $F = ma = m_2g_1$ ＝次級體系受質心重力作用而在盤面做公轉運動

如果我們站在地球表面不動，便會受地球重力作用往地心墜落。

因此，我們站在磅秤上才量得出每個人的體重（因為地球重力把我們往地心方向拉）。

如果我們乘太空船繞地球公轉，則會呈現無重力狀態，量不出體重（迴旋公轉＝加速度＝重力）。當以一定速度公轉的太空船突然被撞擊而無法繼續前進，所引起的力道大小 p＝1/2 質量 × 速度平方。

$$\text{功}=\text{力}\times\text{距離}=\frac{1}{2}\text{質量}\times\text{速度平方}=\text{動能}\Longrightarrow W=Fd=mad=\frac{1}{2}mv^2$$

第四節　宇宙統一的時間長度

知道質量＝速度平方 × 半徑是進入宇宙公式的第一步，接下來要求出一單位時間應該是多少？

由重力 g ＝速度平方 ÷ 半徑，我們應該看得出來：速度指的是一單位時間（秒）位移的距離。

我們稱光速 C ＝ 300000 公里／地球秒，是依我們所定義的一單位時間（地球秒）計算的。一單位時間定得大，光速、公轉速度、重力便跟著變大。目前的地球時間是依地球公轉、自轉週期所定出來的：一天＝ 24 小時，一小時＝ 60 分鐘，一分鐘＝ 60 秒，是人為而非自然的宇宙統一時間。

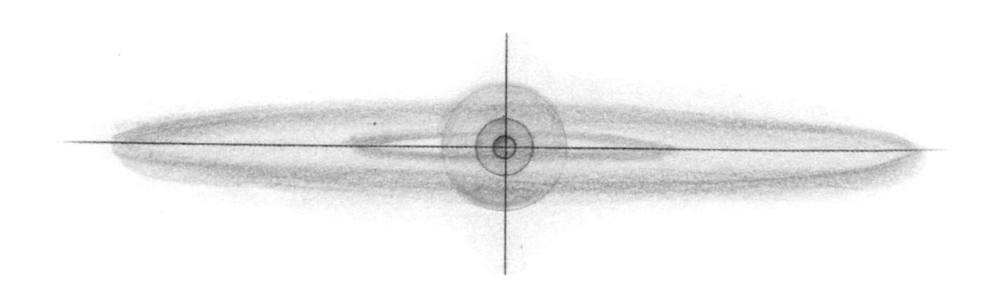

什麼才是宇宙統一的一單位時間長度？

1 宇宙秒＝ 3853.96278 地球秒

由「質量＝速度平方 × 半徑」的公式，便可以求出宇宙標準的一單位時間！

地球質量＝ 5.977×10^{27} 千克＝ 5.977×10^{27} 立方釐米＝ 5.977×10^{12} 立方公里＝ 30612.54034 公里 $^2\times$6378 公里

目前我們定義的地球上空盤面公轉速度 1 秒＝7.943133367 公里，地球上空人造衛星每繞地球一圈的時間為 1.4 小時。

依照公式，地球上空盤面公轉速度＝30612.54034 公里，這表示宇宙標準的一單位時間＝3853.96278 地球秒。

一單位宇宙秒，光行進距離＝ 300000 公里 ×3853.96278 ＝ 1156188834 公里（宇宙標準光速）

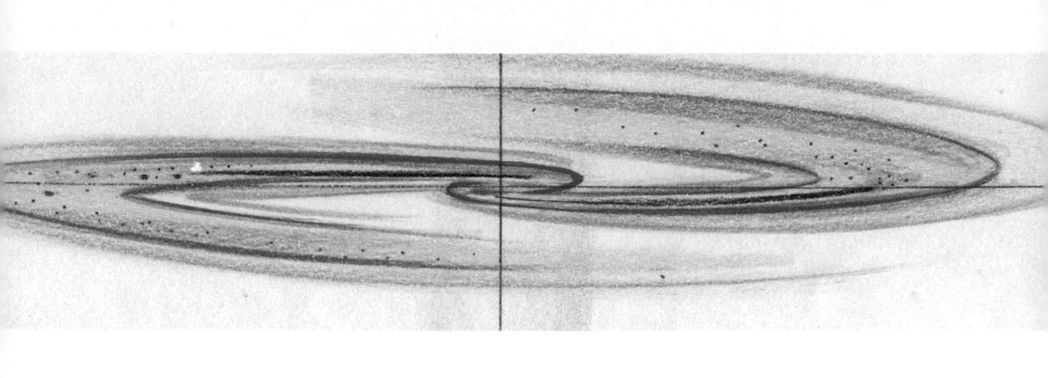

第十二章
宇宙公式

完全由沒有單位的無量綱純數所構成的整套物理公式，
即是宇宙統一的物理語言「宇宙公式」！

第一節　光波是宇宙共同語言

當初創世時，神說：

我使彩雲蓋地的時候，必有虹現在雲彩中。

透過七彩光波，你們等同於親眼看到了我。

光是天與地的立約，是人跟真理之間的連接。

光遍照宇宙各處莊嚴一切國土，光連接宇宙中所有一切事物。

光是天地之間的共同語言。

因為有了光，我們才能看見。

因為有了光，我們才能聽到星星的呢喃。

因為有了光，才能得知來自 135 億光年的遙遠信息。

有全宇宙共同的統一物理語言嗎？

❶ 一切法歸一法，一法納無限法。宇宙雖然內含各級質量體系，但都具有相同的圓或橢圓外形，其內運作的法則也大致相同。唯有尺度大小差異不同，因此宇宙必有共同的統一物理語言，並且能適用於全宇宙所有時空的任何外星人。

❷ 無量綱的宇宙物理符號所構成的公式即宇宙公式！如果不同外星人需要真實尺寸時，乘上自己所定義的單位，便成為只適用於他自己的一般普遍形式。

第二節　無量綱數完全串聯的公式

1. 無量綱數 m、e、n、a、t、p、T

把一切物理量都除以光速 n 次方，由原本的 M、V、R、g 物理符號改為 m、e、n、a 無量綱數，完全沒有單位的純數。於是整套力學方程便可以寫成只有 e、n 兩個符號的無量綱數方程。

宇宙中所有的外星人的物理量和物理公式，就會完全相同，成為一路到底的宇宙統一的物理語言。

如果要還原為一段真實空間長度時，再乘上光速 C 就可以寫回：一段距離 $S = NC$ 的形式。

$$\text{星體表面溫度 } \Delta T = \left(\frac{\mathrm{e}}{8\pi}\right)^2 \frac{\mathrm{C}}{n} = \frac{\mathrm{g}}{(8\pi)^2} = \frac{\mathrm{e}^2 n}{(8\pi n)^2}\mathrm{C}$$

$$= \frac{\text{速度平方} \times \text{球體半徑}}{16\pi \times \text{球體表面積}} = \text{質量} \div \text{球體表面積} \div 16\pi$$

2. 全部以 e、n 構成的無量綱數力學公式：

$$e^2 = \left(\frac{v}{C}\right)^2 = \text{速度與光速之比平方}$$

$$n = \frac{R}{C} = \frac{\text{半徑}}{\text{光速}} = \text{半徑與光速之比}$$

$$m = \frac{M}{C^3} = \frac{\text{質量}}{\text{光速三次方}} = e^2 n$$

$$t = \frac{2\pi n}{e} = \frac{\text{公轉軌道周長}}{\text{公轉速度}} = \text{公轉週期}$$

$$a = \frac{g}{C} = \frac{e^2}{n} = \frac{\text{公轉速度平方}}{\text{公轉半徑} \times C}$$

$$\text{星體表面溫度 } K = \frac{g}{(8\pi)^2}$$

$$\text{任何位置點的密度 } \Delta\rho = \frac{1}{4\pi}\left(\frac{e}{n}\right)^2 = \frac{\text{球體速度平方}}{\text{球體表面積}}$$

3. 於是所有的物理量能以無量綱數寫成完全串聯的形式

e＝速度÷光速 $e=\frac{v}{C}=\sqrt{\frac{m}{n}}=\frac{2\pi n}{t}=\frac{at}{2\pi}=\sqrt{\frac{\rho}{4\pi n}}$

n＝半徑÷光速 $n=\frac{R}{C}=\frac{m}{e^2}=\frac{et}{2\pi}=\sqrt{\frac{m}{a}}=\frac{\rho e^2}{4\pi}$

a＝重力÷光速 $a=\frac{g}{C}=\frac{e^2}{n}=\frac{m}{n^2}=\frac{2\pi e}{t}$

m＝質量÷光速三次方 $m=\frac{M}{C^3}=e^2 n=an^2=4\pi n^3\rho=\frac{(2\pi t)^2}{n^3}$

t＝公轉週期 $t=\frac{2\pi n}{e}=2\pi\sqrt{\frac{n^3}{m}}=\frac{2\pi e}{a}=\sqrt{\frac{\rho}{\pi}}$

ρ＝表面密度 $\rho=\frac{\pi}{t^2}=\frac{e^2 C}{4\pi n^2}=\frac{mC}{4\pi n^3}=\frac{aC}{4\pi n}$

4. 無量綱數完全串聯的公式

質量＝速度平方×半徑＝體積×密度＝速度四次方÷重力

$$=\text{半徑三次方}\times\left(\frac{2\pi}{\text{週期}}\right)\text{平方}=\text{速度三次方}\times\frac{\text{週期}}{2\pi}$$

$$m=\mathrm{e}^2 n=\frac{4\pi}{3}n^3\rho=\frac{\mathrm{e}^4}{a}=\mathrm{n}^2 a=n^3\left(\frac{2\pi}{t}\right)^2=\mathrm{e}^3\frac{t}{2\pi}$$

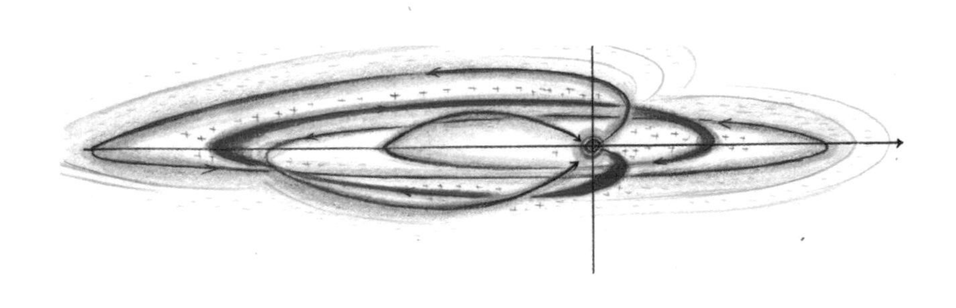

5. 無量綱的宇宙物理符號所構成的公式＝宇宙公式

於是通行於全宇宙的統一物理語言便完成了。牛頓力學可以寫成只有以 e、n 兩個無量綱符號構成的力學公式。由宇宙、超星系團、星系、恒星、行星、行星的衛星、颱風氣象、原子等，所有一切大小質量體系都成立的一路到底的同一個公式。

光，通行於全宇宙！有生命的地方必然有光有水。

生存於有光有水環境中的外星人，他們都可以通過思考，找到相同的宇宙統一物理語言和相同的力學公式。

完全由沒有單位的無量綱純數所構成的整套物理公式，即是一路到底宇宙統一的物理語言「宇宙公式」！

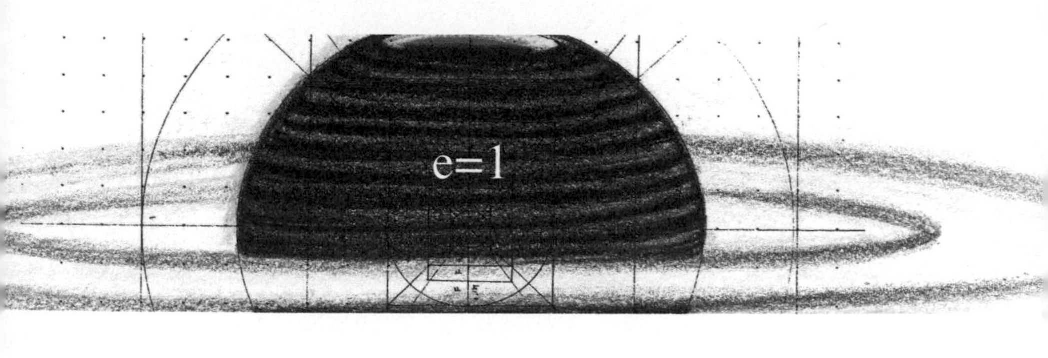

第十三章

由三個一所建構的東方宇宙

把光速當成 1、水密度當成 1、光源同步空間當成 1，
由三個 1 所構成的無量綱宇宙統一物理公式便得以建構而成。

找尋真理之鑰

打開鎖有很多辦法，最簡單的辦法是拿到開門的 KEY。什麼能打開真理之門，發現宇宙統一公式之鑰？

萬法歸一，找到宇宙物理量的最高極值，然後將它當為一！一切由一展開，這便是打開真理之門，發現宇宙統一公式之鑰。

第一節 東方宇宙與西方宇宙有什麼不同

❶ 物理自歐洲發展至今已經 400 年，我們一直都聽西方觀點在講宇宙是什麼，現在且該輪到我們來說說由東方思維出發的「東方宇宙是什麼」。

❷ 由外 zoom in 到內，格物致知直達究竟終極真理為止，是西方思考的強項。

由小 zoom out 到大，多重焦點、以整體、循環的因果關係看事物，是東方的思維方式！

東方思維的宇宙觀便是多重焦點，反覆循環相續相連觀念的東方宇宙觀。

愛因斯坦說：

如果我們以自然為單位，例如，：電子質量和半徑來代替克和釐米，那麼便可以從物理學中消去兩個普適常數。物理學的基本方程中就只有無量綱常數，而任意人為的常數便不存在了。

愛因斯坦早已瞭解到，人為物理單位和人為常數距離宇宙真理還很遠。但單單消去重量的克和長度的釐米還不夠，由最大宇宙到最小基本粒子一路到底都能成立的宇宙統一的物理語言裡，所有物理符號必定是由沒有單位的無量綱數所組成。

我們的問題是：如何才能建構完全由無量綱數組成的宇宙統一物理語言？

宇宙中，有生命的地方必然有光、有水。有光、有水、有顆能思想的心，便可由光速和水密度思考出物體運動背後隱藏的規律……

但什麼才是宇宙統一物理語言的基本單位？什麼才是宇宙中最重要的物理符號？

萬法歸一，一歸何處？

如果宇宙中的所有外星人，

以他所存在的空間和光和水作為空間、速度和密度的基本標準，

便有了宇宙完全統一的物理語言與物理規則。

昔之得一者，

天得一以清，

地得一以寧，

神得一以靈，

谷得一以盈，

萬物得一以生，

侯王得一以為天下貞。

——老子《道德經》第三十九章

第二節　三位一體的宇宙

天得一以清	第一空間 S = 1
神得一以靈	光速 c = 1
萬物得一以生	水密度 ρ = 1

如果我們把與光源同步的空間當作空間 1，一單位時間光所行進的距離當作 1，同時也把水的密度當作 1，由 3 個極值 1 所構成的宇宙，那麼有沒有可能組合成一組全宇宙統一的物理符號與統一的物理語言？

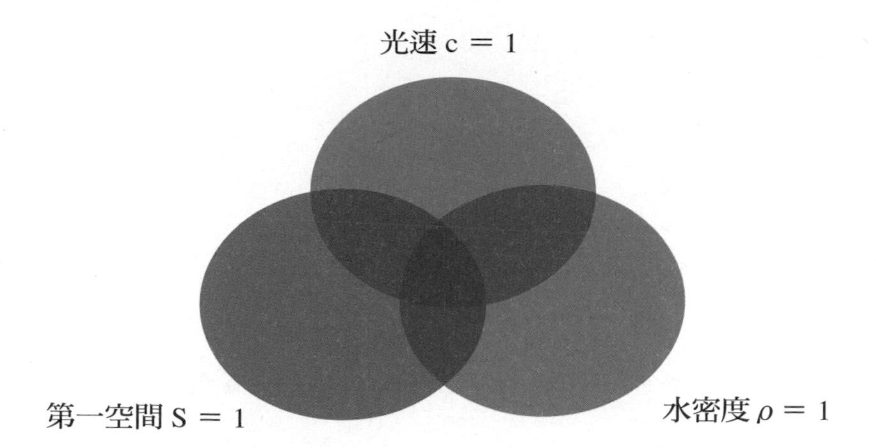

三個一的「統一方程式」

宇宙物理即是描述：物質能量在時間、空間的運動變化。
力學的真正內涵是：所有質點的相對運動。

光速 C ＝ 1，水密度 ρ ＝ 1，第一空間 S ＝ 1。

剛好解決了時間、速度、物質、空間的所有質點相對運動的問題。

三位一體的宇宙

速度、密度、空間三種物理單位得一，宇宙統一物理語言的方程式便得以展開，全宇宙任何時空的外星人，都能以相同方法研究物理，探究物體運動背後隱藏的規律。以下便是這本《宇宙公式》所要談的主要內容。

天地無私，它敞開胸懷傾吐秘密，不吝給予觀察者數據來證明揭露宇宙的真相。人是研究物理的幸運兒，地球表面是個物理觀察的天堂，在地球上幾乎可觀察到一切物理現象！

我們由光速＝ 1，水密度＝ 1，光源同步空間＝第 1 空間，三個一便能建立從宇宙到氫原子都成立，一路到底沒有單位的無量綱數，宇宙統一物理語言的宇宙公式。

第三節 全宇宙統一的物理符號公式

由「質量＝速度平方 × 半徑」我們可以展延出，完全以一維長度為基礎運算出來的其他物理量：

重力＝速度平方 ÷ 半徑

週期＝公轉周長 ÷ 速度

半徑＝質量 ÷ 半徑平方

臨界密度＝速度平方 ÷ 球體表面積

臨界密度＝重力 ÷$(8\pi)^2$

$$速度=\sqrt{\frac{質量}{半徑}}$$

第四節　全宇宙統一的宇宙公式

將所有的物理量全部除以光速 C，變成完全沒有單位的無量綱物理量，這就是全宇宙統一的宇宙公式：

全部以 e、n 構成的無量綱數力學公式：

$$e^2=\left(\frac{v}{C}\right)^2=\text{速度與光速之比平方}$$

$$n=\frac{R}{C}=\frac{\text{半徑}}{\text{光速}}=\text{半徑與光速之比}$$

$$m=\frac{M}{C^3}=\frac{\text{質量}}{\text{光速三次方}}=e^2n$$

$$t=\frac{2\pi n}{e}=\frac{\text{公轉軌道周長}}{\text{公轉速度}}=\text{公轉週期}$$

$$a=\frac{g}{C}=\frac{e^2}{n}=\frac{\text{公轉速度平方}}{\text{公轉半徑}\times C}$$

$$\text{星體表面溫度 } K=\frac{g}{(8\pi)^2}$$

$$\text{任何位置點的密度 } \Delta\rho=\frac{1}{4\pi}\left(\frac{e}{n}\right)^2=\frac{\text{球體速度平方}}{\text{球體表面積}}$$

e 決定質點於質量體系空間中應該如何運動：

重力紅移 $\mathbf{Z=e^2}$

水星進動角度 $\theta=360\times3e^2$

光通過重力場折射角度 $\tan\theta=4e^2$

質量造成空間凹陷增長距離 $S=L\left(\frac{e}{2\pi}\right)^2$

等速度場虛質量 $\Delta M=M\log_2 e^2$

動能 $P=\frac{1}{2}Me^2$

1. 宇宙公式＝牛頓力學的重整

宇宙公式的建構過程：

首先得先將質量改寫為三維體積的形式：質量＝速度平方 × 半徑。質量三次方根就變成一維長度，於是便可以正確的描述半徑、速度、重力等一維長度的物理量。因為單位都相同，牛頓力學公式便可以寫成質量、半徑、速度、重力、週期、臨界密度、溫度七種物理量都可以完全串聯的方式。

質量＝速度平方 × 半徑，半徑是一段幾何真實，但速度可沒那麼簡單。我們所稱光速＝ 300000 公里／地球秒、地球公轉速度＝ 30 公里，這裡的速度是根據單位時間計算的，但由於地球的一單位時間（秒）是人為的，因此得要先找到正確質量。

2. 質量＝三維體積才是宇宙共同標準

由質量＝體積 × 密度，當密度＝ 1 時，質量＝體積！由於質量體系都呈現三維實體，任何外星人都可以由自己所存在的星球，簡單地求出該星體密度＝ 1 時的立方體，這時三維立方體的邊長＝半徑＝速度＝重力！由此我們便可以求出宇宙統一標準的速度、質量和標準一單位時間的大小。由於一段長度是幾何真實，無論他們以什麼單位稱這立方體的邊長，所描述出來的那段長度必定是宇宙統一標準的幾何長度。

3. 宇宙公式＝宇宙共同語言

由於任何外星人都可以很簡單求出光速比 e，由 e 可以求出宇宙標準的一單位光速大小。求出正確質量與半徑、速度、重力等一維長度的物理量。牛頓力學公式便可以將七種物理量：質量、半徑、速度、重力、週期、臨界密度、溫度寫成完全串聯方式，然後再將串聯的物理量全部除以光速或光速二次方、光速三次方。

於是，就變成完全由沒有單位的無量綱數所構成的宇宙統一標準的物理語言的「宇宙公式」。

任何外星人如果要使它變成幾何真實時，只要再乘上自己所定義的光速，便還原為具體長度或體積。

第五節　由宇宙公式展開的重大發現

物理公式的長度反比於真理的精確度。正確的物理公式通常都很簡潔、漂亮，總長度幾乎都不會超過 1 英寸。

例如：$F = ma$，$E = mc^2$。當然更不會有人為常數出現；任何有人為常數的物理公式，必離真理還有一大段距離。

如果將宇宙物理量究竟到最終極限，什麼是最後那個符號？

對質量體系格物致知到最終究竟，結論就是只需要質量 M 和盤面的速度與光速之比 e 兩個物理量。

M 決定星體的核心垂直通道、星球、星環半徑和外圍有效作用力半徑範圍。

e 決定體系內外的所有質點，於盤面內應該如何運動。

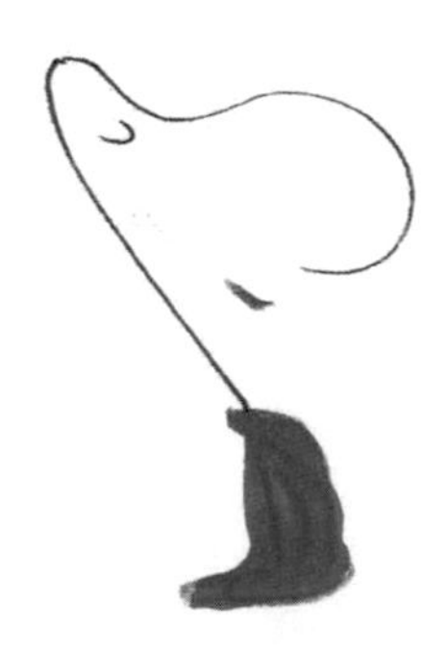

1. e 和 M 是透明發光的公式

由質量三次方根＝半徑展開，我們可以看到速度與重力的關係，整個質量體系盤面空間的質量分佈，便有如透明一樣清清楚楚。

e ＝任何速度 ÷ 光速，e 是神的物理手冊裡最短的物理符號，e 也是宇宙物理量究竟到最終極限的符號！

由 e 等於盤面速度與光速之比可看出，其實作用於質量體系盤面中質點運動的作用力不是重力，而是速度比平方。e 決定體系內外的所有質點，於盤面內的光波應該如何紅移、彎曲，盤面空間應該凹陷多少度、公轉一周時應該進動多少公里。e 可以取代廣義相對論裡的複雜公式，並解釋隱藏於內在的物理機制。

2. 芥子納須彌

單是一個 e 物理符號，為何能運用那麼多？真讓人懷疑。在這裡引一則禪宗故事，就可以說明為何一可以納無窮。

江州刺史李渤問歸宗智常禪師說：「佛經上說，須彌山能納芥子，這我沒有疑問。但是又說芥子能納須彌山，這不是胡說八道嗎？」

歸宗問：「別人都說刺史大人讀書破萬卷，是真的嗎？」

李渤說：「是真的。」

歸宗說：「你的頭大不過椰子，如何裝進萬卷經典？」

李渤無言以對。

第十四章
質量體系的規則

宇宙是由各種大小質量構成的體系，質量是宇宙的根本。
質量體系的形成，有一套自己的規則。

「果實啊，你離我多遠？」
「花啊，我就藏在你的心裡。」
——泰戈爾《飛鳥集》

質量問虛空說：
「虛空啊！你在哪裡？」

虛空回答說：
「你是我的內在，我是你的形體。
質量與空間同時產生，合而為一。」

從一個暴風半徑 400 公里的颱風我們看到什麼？

❶ 我們看到質量體系可以描述為：速度平方 × 半徑，質量＝體積形式的三維球體，而這形體正是質量體系的所有內蘊作用力的外在反映。

❷ 我們也可以從颱風從無到有的過程中發現：質量體系形成於各方條件因緣和合的一時現象，當條件消逝後，它便煙消雲散，氣歸氣，塵歸塵，各就其位，恢復成空狀態。

第一節　質量體系分佈於空間的秘密

科學的發展，主要來自有人在適當時機，提出適當的疑問！

過去 100 年對於微觀的原子、基本粒子的質量能量問題，已經發展得很好。但對於星體以上級數的質量問題，則無多大進展。

質量是什麼？

一個質量體系是怎麼形成的？

什麼是質量分佈於空間體系的依據？

牛頓將密度定義為：1 克質量＝ 1 立方釐米體積＝密度 1 ＝水密度。

我們知道地球總質量，如果地球全部質量都是由水所形成，那麼地球就是邊長各為 18147.95743 公里的立方體。

地球質量M＝5.977×10^{27}克質量＝5.977×10^{27}立方釐米體積＝邊長18147.95743公里體積

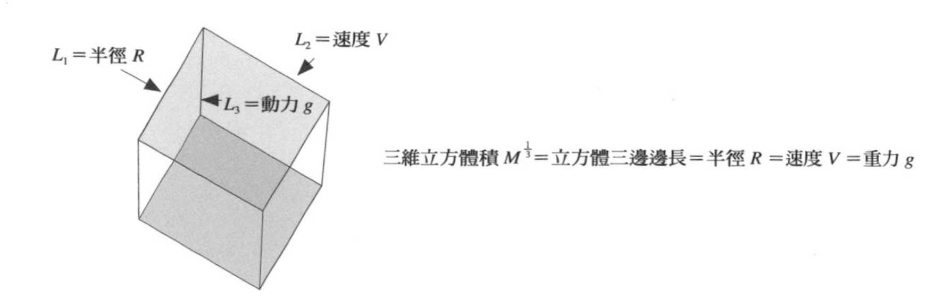

一切始於質量三次方根

如果質量＝三維體積，質量三次方根＝三維立方體的邊長，這時，速度＝重力＝半徑，三者都相同。

重力＝速度平方 ÷ 半徑＝質量三維體積 ÷ 半徑平方
質量三維體積＝速度平方 × 半徑
公轉週期＝公轉周長 ÷ 速度

於是，所有的力學公式便都由長度單位相互加減乘除，自洽圓融，也不再需要牛頓的重力常數 G 了。

質量的三次方根＝立方體的三邊的邊長 L，L 當然是一段幾何長度。

宇宙中任何外星人無論以什麼形式來描述這段長度 L，所描繪出來的長度都會相同。

例如，$L = n$ 顆常溫氫原子排列出來的距離，$L =$ 銫原子振動 n 次時間中光所進行的距離。

第二節　星環的形成

1. 為何星體外圍會有星環？

土星、天王星、海王星星球外圍都有微塵構成的星環，木星與類地行星的星環則細微得看不見。星環形成的機制是什麼？

因為質量體系在這盤面半徑臨界點，重力正等於公轉速度，在臨界點附近的星體微塵易於停留在盤面上形成唱盤凹痕的星環。

2. 質量體系關鍵半徑 R ＝質量三次方根 $R=M^{\frac{1}{3}}$

質量的存在必含有顯現於外的盤面公轉速度 V 之外，還有內隱的向內墜落的重力 g。

V 與 g 都是質量內蘊展示於外在的表現：

V ＝切線橫向速度
g ＝垂直向心墜落速度
圓周迴旋運動是切線橫移速度和向心墜落速度的疊加

因此當重力＝速度時，橫向移動的速度＝垂直向心墜落的距離。在這裡的盤面微塵正處於往內往外的半徑臨界點，關鍵半徑以內的微塵往內墜落積累為星體核子，半徑附近的微塵則形成星環。這關鍵之點的半徑、速度、重力之間比例剛好＝ 1：1：1。

半徑：速度：重力＝ 1：1：1

在這裡切線橫移速度 v ＝垂直向心墜落距離 g，分佈於關鍵半徑左右質量往核心墜落成為星體核子，其他微塵則成微星環。

星體半徑 $R=\frac{1}{2}M^{\frac{1}{3}}$

星球半徑 $R=M^{\frac{1}{3}}=v=g$

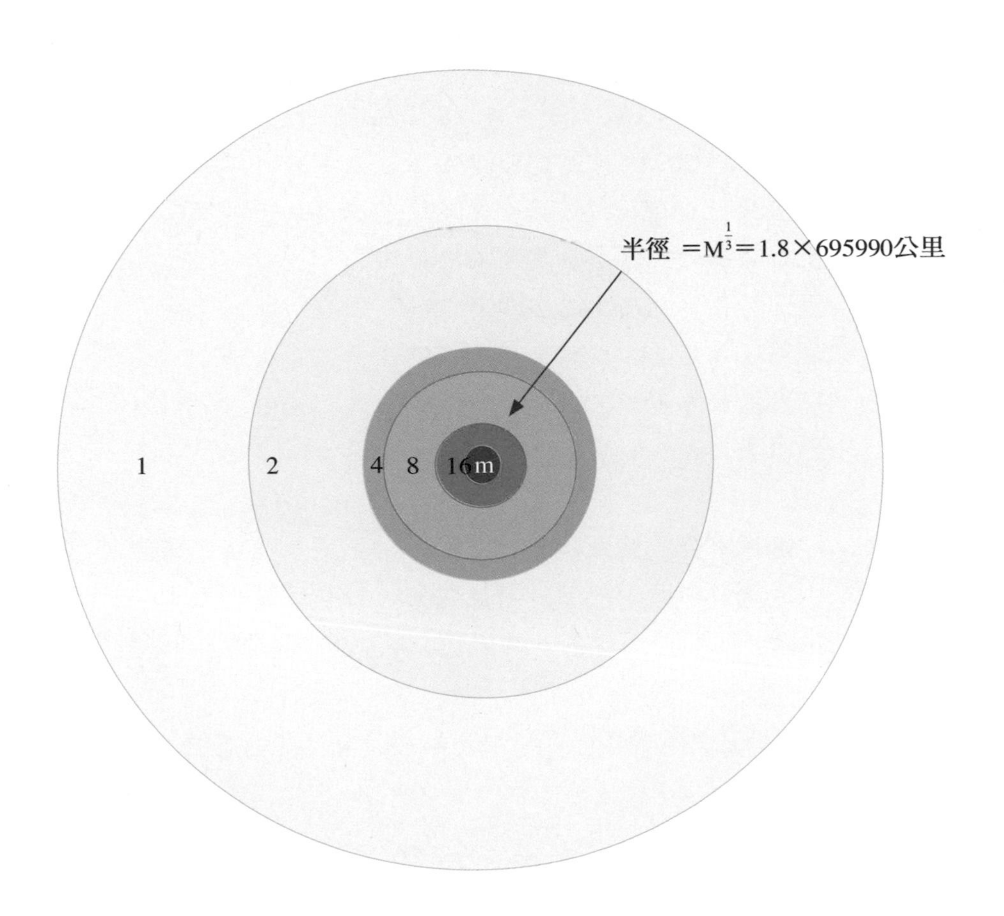

3. 星體半徑＝ 1/2 質量三次方根與真實觀測數據之比

星體半徑 $R=\frac{1}{2}M^{\frac{1}{3}}$

太陽 R ＝ 628092.85 公里＝ 695990 公里 ×0.90
水星 R ＝ 3450.79 公里＝ 3450 公里 ×1.414
金星 R ＝ 8458.48 公里＝ 6051 公里 ×1.39
地球 R ＝ 9073.97 公里＝ 6378 公里 ×1.422
月球 R ＝ 2094.51 公里＝ 1738 公里 ×1.21
木星 R ＝ 61066.19 公里＝ 71492 公里 ×0.854
土星 R ＝ 41320.77 公里＝ 60268 公里 ×0.685
天王星 R ＝ 22059.12 公里＝ 25559 公里 ×0.863
海王星 R ＝ 23344.24 公里＝ 24764 公里 ×0.942
冥王星 R ＝ 1180.28 公里＝ 1150 公里 ×1.02
氫原子 R ＝玻爾第一軌域 ×1.21

自體系直徑＝質量水立方邊長的公式，與真實觀測數據相比，由太陽到氫原子上下的質量差為 1，後面有 57 個 0 區間都幾乎正確。

由實際觀測結果看，類地星體收縮、氣體星體膨脹。

$$\text{星球表面溫度 K} = \frac{\text{星球質量}}{16\pi \times \text{星球表面積}} = \frac{g}{(8\pi)^2} = \frac{M}{(8\pi R)^2}$$

太陽＝ 6478.52 度

水星＝ 87.4868 度

金星＝ 209.331 度

地球＝ 232.613 度

火星＝ 87.361 度

木星＝ 564.28 度

土星＝ 246.003 度

天王星＝ 208.107 度

海王星＝ 278.088 度

冥王星＝ 14.461 度

月球＝ 38.5265 度

（代入 R ＝星球真實的觀測半徑）

4. 太陽系九大行星的星環半徑 $R=M^{\frac{1}{3}}$

太陽＝ 695990 公里 ×1.8049

水星＝ 2439 公里 ×2.8296

金星＝ 6051 公里 ×2.7957

地球＝ 6378 公里 ×2.8453

火星＝ 3393 公里 ×2.5336

木星＝ 71492 公里 ×1.7083

土星＝ 60536 公里 ×1.3651

天王星＝ 25559 公里 ×1.7261

海王星＝ 24764 公里 ×1.9213

冥王星＝ 1200 公里 ×1.9671

氫原子＝玻爾第一軌域 ×2.42

第三節　星體盤內空間中的質量分佈

質量體系的總質量依盤內空間的分佈如下表：

1	2	4	8
16	32	64	128
256	512	1024	2048
4096	8192	16384	32768
65536	131072	262144	524288
1048576	2097152	4194304	8388608
16777216	33554432	67108864	134217728
268435456	536870912	1073741824	2147483648

1. 星體盤內空間中的質量分佈

由星體最外圍半徑算起：

1/2 半徑 $m = 1$
1/4 半徑 $m = 2$
1/8 半徑 $m = 4$
1/16 半徑 $m = 8$
1/32 半徑 $m = 16$
1/64 半徑 $m = 32$
1/128 半徑 $m = 64$
1/256 半徑 $m = 128$
1/512 半徑 $m = 256$
1/1024 半徑 $m = 512$
1/2048 半徑 $m = 1024$
1/4096 半徑 $m = 2048$
1/8192 半徑 $m = 4096$
1/16384 半徑 $m = 8192$
1/32768 半徑 $m = 16384$
以下依此類推。

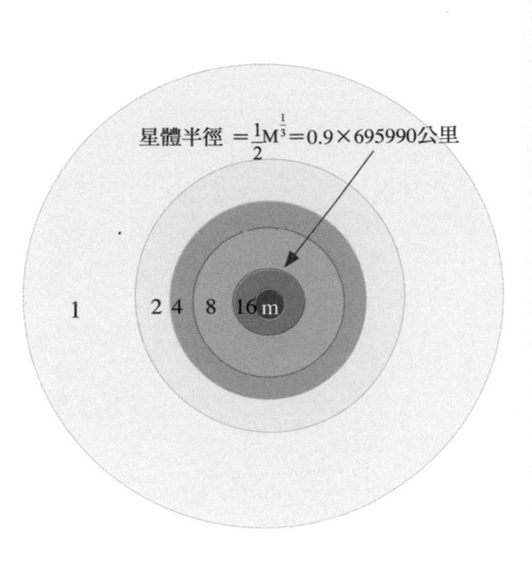

2. 太陽系的質量分佈

半徑＝ 1/2 質量三次方根以內的質量占總質量比為 0.9985，以外區域質量占總質量比為 0.00145，目前太陽質量占總質量比為 0.9983056，九大行星質量占總質量比為 0.001694。

3. 盤面空間中微塵分佈圖

求質量體系平均密度用處不大，重要的是求任何位置點的密度。

太陽盤面任何空間點的密度 ρ 可以由該點的速度、半徑得出：

$$密度=\frac{球面公轉速度平方}{球體表面積}=\frac{v^2}{4\pi R^2}=\frac{1}{4\pi}\left(\frac{e}{n}\right)^2$$

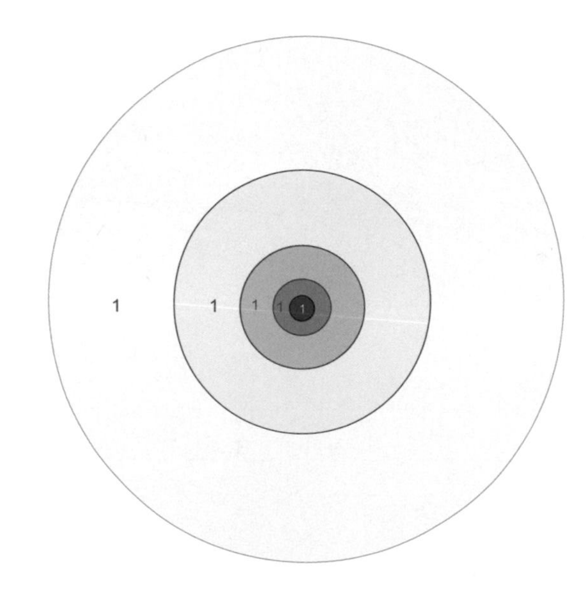

4. 宇宙中的各級體系的質量大小

宇宙到氫原子之間的質量差為：

$$\frac{\text{宇宙M}}{\text{氫原子M}}=\frac{2^{136.9678011}}{2^{-128.8141387}}=2^{266}$$

宇宙與氫原子之間共有 14 階大小不同質量體系，每階與每階之間的質量差：

$$\frac{M_n}{M_{n-1}}=2^{19}$$

宇宙	$M=2^{136.9678011}$	土星	$M=2^{49.00373867}$
超星系圖	$M=2^{118}$	天王星	$M=2^{46.28726295}$
銀河系	$M=2^{98.0333964}$	海王星	$M=2^{46.53233706}$
類星体	$M=2^{80}$	冥王星	$M=2^{33.6147503}$
太陽	$M=2^{60.78265355}$	月球	$M=2^{36.0971978}$
水星	$M=2^{38.25813411}$	颱風	$M=2^{23}$
金星	$M=2^{42.13855249}$	彗星	$M=2^{22}$
地球	$M=2^{42.44255868}$	一滴水	$M=2^{-53}$
火星	$M=2^{39.20860144}$	氫原子	$M=2^{-128.8141387}$
木星	$M=2^{50.69425933}$	普朗克常數	$M=2^{-230.2137312}$

第十五章
e 理論

用一個符號取代廣義相對論的算符。
e 是 east，是東方的宇宙物理理論。
e 也是 easy，是超簡單的計算公式。

e 是光明的物理符號

如果將宇宙物理量究竟到最終極限，
什麼是最後那個符號？

e 是神的物理手冊裡最重要的物理符號，
e 也是宇宙物理量究竟到最終極限的符號！

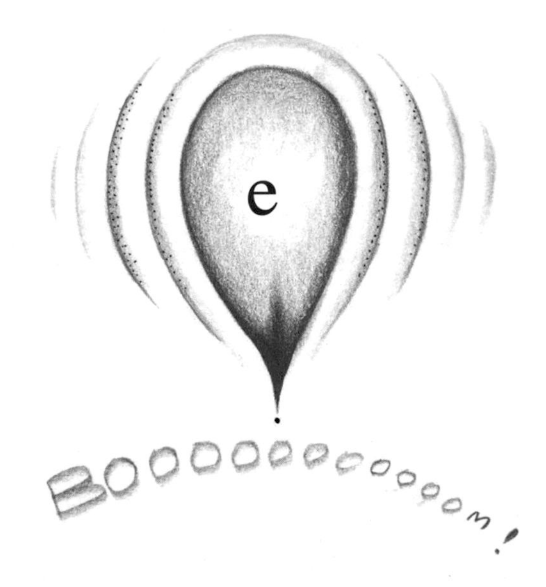

宇宙是可以理解的

一沙一世界，
一花一天堂，
握無窮於掌心，
窺永恆於一瞬。
——英國詩人畫家　布萊克

我們從一粒沙，看到億萬顆無窮小的原子聚集為獨立球體。從一朵花，可以看到生命展開美麗一生的過程。

我們佇立於此時此地，便能將無窮大宇宙的真理掌握於手心，是因為我們能從剎那現象，看穿永恆變化過程的秘密。

第一節　宇宙中最重要的物理符號e^2

e 決定質點在空間盤面中如何運動

❶ M 決定質量應該如何分佈，e 決定質點在質量體系的盤面中應該如何運動。

❷ 如果有上帝，而宇宙也是由他所造，上帝的物理手冊裡所用的物理符號一定少之又少。

什麼是上帝物理手冊裡最重要的物理符號？

$e = V \div C$，e 是宇宙公式中最重要的物理符號，是一路到底宇宙統一物理公式的最終極物理量。

1. 宇宙中最重要的物理符號：e^2

e

是光明的筆，用光明的墨水，
在光明的紙上，寫出的光明的字。

e ＝盤面公轉速度 ÷ 光速＝任何一般速度 ÷ 光速＝速度與光速之比

e^2 是宇宙中最重要的物理符號，

e 可輕易地計算出廣義相對論的四個複雜的物理問題。

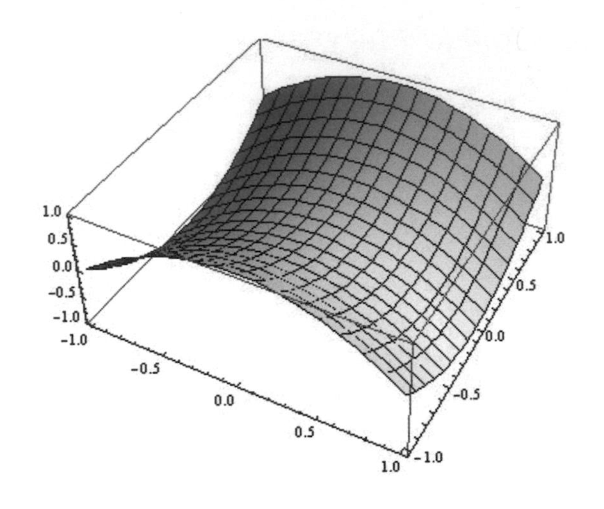

2. 一切法歸一法，一法納一切法

將物理量究竟到只剩下兩個符號 e、M 極限時，便會發現作用於運動質點的不是空間中的重力 g，而是分佈於空間各處的不同迴旋速度與光速之比 e^2。

無論是發光源重力紅移，光通過重力場產生偏折，水星進動，質量存在空間產生的凹陷的物理成因都是由於 e^2。

光速 $C = 1$，

任何速度與光速之比便是 e。

e 是發光的符號，是上帝物理手冊中最重要的統一物理單位，宇宙中任何時空的外星人都可輕易求出的物理量。

e也可以用來作為變化速度與盤面速度之比，以求出自由落體所發生的高度、時間和圓軌道變成橢圓軌道，因不同速度所產生的週期改變。

凡是計算質點通過星系、星體時，它的運動會因空間場中不同重力而造成軌道和速度的改變，處理這類問題時引入e，便會使公式變得非常簡潔，並易於看出變化過程和隱藏於事物表面下的規律。

只要使用e一個符號，就可以輕易代替非常複雜的廣義相對論公式。也幾乎只要使用e、n兩個符號，就可以寫出整組一路到底的力學公式！

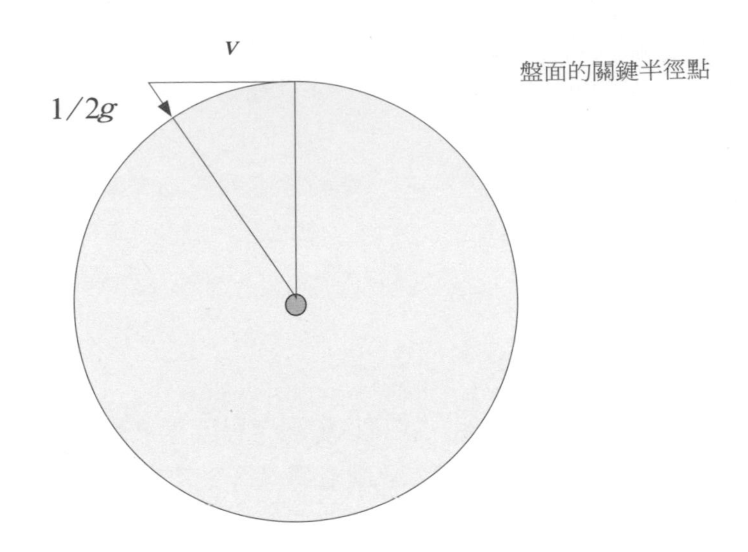

3. e 可輕易解決廣義相對論的四個問題

以廣義相對論解決空間運動問題時，不但公式複雜，對所處理問題的真相還是不透明。

以宇宙統一公式或光速比 e^2，解決問題時可看清問題的真相。例如，由 e^2 發現水星進動，可知道水星進動的原因是受作用於太陽的光速半徑 Rc，其他八大行星每公轉一周，也會進動相同距離。

又例如，由質量＝速度平方 × 半徑，重力＝速度平方 ÷ 半徑。

當質量三次方根＝速度＝重力＝半徑時，速度正等於重力！這表示在這半徑以內，重力大於速度。因此，質量體系關鍵半徑以內的質點會聚集為球狀星體。

第二節 e的妙用

1. 重力紅移公式：$Z = e^2 = \left(\frac{太陽表面速度}{光速}\right)^2 = 2.13 \times 10^{-6}$

求太陽所發光的重力紅移不必用愛因斯坦廣義相對論裡的複雜公式，用 e 便可以很簡單地求出來。

e ＝太陽表面速度 ÷ 光速＝ 0.001459655947

重力紅移：$Z = e^2$

2. e 也可輕易求出光的重力偏折角度

光通過太陽的偏折角度：$\tan\theta = 4e^2 = 1.75786$ 弧秒

e ＝太陽表面速度 ÷ 光速＝ 0.001459655947

3. e 可求出由地球通過太陽到火星所增出的空間凹陷距離

$$S=L\left(\frac{e}{2\pi}\right)^2=20.373 \text{ 公里}$$

由地球發射光波通過太陽到火星，會因為空間凹陷而多出 20.373 公里。

當然最正確的公式應該分段計算：

$$S=L_1\left(\frac{e^2-e_1^2}{4\pi^2}\right)+L_2\left(\frac{e^2-e_2^2}{4\pi^2}\right)=20.27644113 \text{ 公里}$$

e ＝太陽表面速度 ÷ 光速＝ 0.001459655947

e_1 ＝地球公轉速度 ÷ 光速＝ 0.00009956030173

e_2 ＝火星公轉速度 ÷ 光速＝ 0.0000807348979

L_1 ＝地球與太陽距離＝ 149600000 公里

L_2 ＝火星與太陽距離＝ 227500000 公里

L ＝ 149600000 公里＋ 227500000 公里＝ 377500000 公里

cos θ =67.534 弧秒

4. 由公轉速度的光速比 e，可以求出太陽盤面任何空間點的凹陷角度

太陽球體表面的空間凹陷角度＝ $\cos\theta = \dfrac{1}{1+\left(\dfrac{e}{2\pi}\right)^2}$ =67.534 弧秒

e ＝太陽表面速度 ÷ 光速＝ 0.001459655947

e ＝地球表面速度 ÷ 光速＝ 0.00002647711122

地球表面的空間凹陷角度＝ 1.22922 弧秒

5. e 可輕易求出水星進動角度

$$\theta = 360 \times 3e^2 = 0.099575316 \text{ 弧秒}$$

$$\text{行星每繞行 } n \text{ 次運動一周：} n = \frac{1}{3e^2}$$

e ＝水星公轉速度 ÷ 光速＝ 0.000160034169

由於水星每年公轉太陽 4.1535 次，100 年的總進動角度為 41.3553 弧秒。

水星公轉 13015273.75 次，剛好多公轉一圈。

水星 100 年總進動角度＝ 0.099575316 弧秒 ×100×4.153 ＝ 41.3553 弧秒

6. e ＝隨時變化的瞬間速度 ÷ 光速

e 才可以描述真正的瞬間速度！

瞬間速度 $\Delta v=gt$

瞬間速度等於幾公里是「錯的答案」!

牛頓求「瞬間速度」的公式乍看像沒有什麼問題，其實不然！

一單位時間的大小是人為定義的，重力 g 反比於時間 t 平方：

牛頓計算瞬間速度的公式所得出的一個數，將因為定義一單位時間 t 大小不同而有很大的不同。

例如，台北 101 大樓總高度 s = 494.617 米。由上到下自由落體需要 10 秒鐘。通過公式計算最後的瞬間速度 $v = gt$ = 98.9234 米／秒 ^{2}。

其實這個答案是不正確的，因為 g =速度平方 ÷ 半徑。

如果當初我們把 10 秒定義為 1 秒，速度便大 10 倍，重力 g 便變大 100 倍。如此一來，瞬間速度 $v = gt$ = 989.234 米 ×1 秒 = 989.234 米／秒。

但是如果我們把 10 秒定義為 100 秒，速度便小 10 倍，重力 g 便變小 100 倍，瞬間速度 v = 0.098923 米 ×100 秒 = 9.89234 米／秒。

瞬間速度應該有宇宙共同的標準，怎麼會因為人為時間定義的不同而不同？

其實瞬間速度的確是宇宙標準，但是公式則要改為非牛頓式的方式：e = v÷c。

瞬間速度 Δv=ec

唯有採用 e =瞬間速度 ÷ 光速，才是宇宙統一標準的絕對值。一個自由落體整個墜落過程中，所有瞬間速度都可算出，該速度與光速的比值 e，因此瞬間速度 v = ec 才是正確的求瞬間速度的公式。

7. e 等於折射率的算符

$$\sin\theta_r = \sin\theta_i \times e$$

折射率是光在兩個不同介質中的速度之比：

e ＝ $V_1 \div V_2$

光通過不同介質的偏折角度：$e = \frac{v_1}{v_2} = \frac{\sin\theta_r}{\sin\theta_i}$

8. e 等於光行差的算符

光行差角度 $\tan\theta = \frac{\text{觀察者速度}}{\text{星光速度}} = \frac{\nu}{C} = e$

$$\tan\Delta\theta = \frac{\sin\theta}{\cos\theta + e}$$

$$\tan\Delta\theta = \frac{\sin\theta}{\sqrt{(e\cos)^2 + 1 - e^2} + e\cos\theta}$$

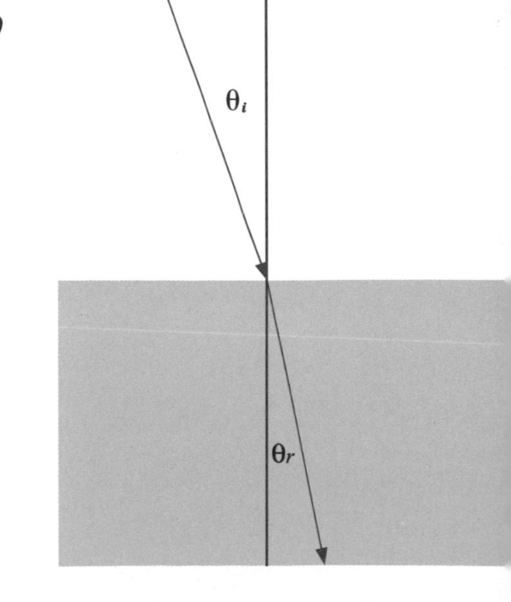

9. e 等於求出英雄救美的最少時間路徑

$$y=\frac{L}{\sqrt{1-e^2}}$$

e 可以簡單求出最短時間路徑公式。

例如，美人掉落 B 位置的深水中，大喊：「救命！」英雄在 A 位置要跑去救美，但在陸地跑步比水中游泳快，英雄需要算出一條最省時間的路徑 y，才能最快將美人救上岸。求 y 公式就必須用到速度比 e。

e ＝陸上跑步速度 ÷ 水中游泳速度

10. e^2 是計算等速度場虛質量的關鍵

當初美國太空總署有位女性觀察員，她發現銀河系中的盤面速度並沒有遵守克卜勒公式，即距銀心越遠公轉速度越慢的定理，而是整個銀河盤面的任何星體都以每秒鐘 220 公里的速度繞銀心公轉。

於是科學家們便依據這項發現判定：銀河系中必有無法察覺的不知名黑暗質量。但由「質量＝公轉半徑 × 公轉速度平方」的定理可發現：其實銀河等速度場不但沒有額外的黑暗質量，反而是它只具有局部質量的虛質量！因為依「質量＝公轉半徑 × 公轉速度平方」定理，公轉速度平方反比於公轉半徑，自體系盤面任何位置點上的公轉速度平方 × 公轉半徑＝質量！

隨著半徑遞減，公轉速度遞增，當半徑＝質量 ÷ 光速平方時，公轉速度＝光速！

而銀河等速度場並沒有隨著半徑變小，速度平方變大的方式進行，因此銀河等速度場的真實質量遠小於外圍等速度平方與銀河半徑的乘積。

如何計算銀河等速度場真正的虛質量大小？正確公式還是要用到宇宙中最重要的物理符號 e^2：

$\Delta M = M \log_2 e^2$　　　**虛質量＝質量 $\log_2 e^2$**

e ＝銀河盤面速度 ÷ 光速＝ 0.0007169189246

依公式計算

銀河等速度場真正的虛質量大小：

虛質量＝質量 ×0.047865658

如果銀河系是顆水球，水球半徑＝土星與太陽之間的距離。

一個半徑 400 公里，風眼半徑 20 公里，風速時速 133.15 公里的 F4 颱風：虛質量＝質量 ×0.021785098。

如果它是一顆水球，半徑＝ 35.20358878 公里，一個半徑 6.4 公里，中心龍捲風柱半徑 64 公尺，風速時速 189 公里的龍捲風：

虛質量＝質量 ×0.022275916

如果它是顆水球，半徑＝ 11.171 公里。

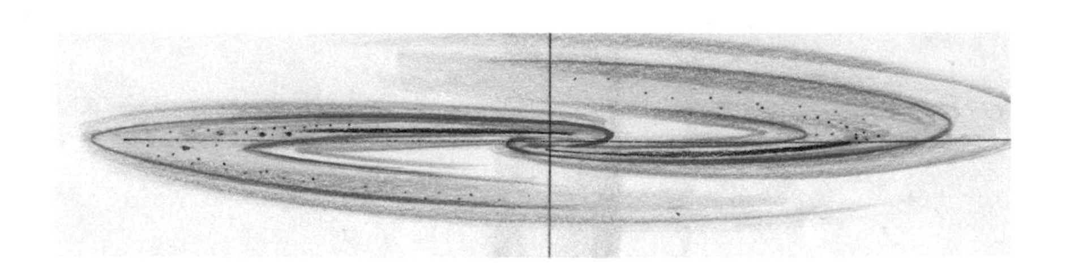

11. e^2 可求出自體系任何空間點的密度

牛頓定義了星體平均密度＝質量 ÷ 球體體積，但站在力學角度上看，我們最需要的不是平均密度，而是質點運動到任何位置時當下空間的迴旋速度與光速的比值 e、溫度 T、密度 ρ，如何求該運動質點所處位置的臨界密度才是重要的事。

$$\text{自體系任何空間位置的真正密度}\Delta\rho=\frac{V^2R_2-V^2R_1}{\frac{4\pi}{3}(R_2^3-R_1^3)}=\frac{V^2}{4\pi R^2}$$

$$=\frac{1}{4\pi}\left(\frac{e}{n}\right)^2=\frac{\text{公轉軌道的速度平方}}{\text{球體表面積}}$$

$e = V \div C$

$n = R \div C$

$R_1 = R_2 - \text{無窮小}$

太陽系於地球公轉軌道的臨界密度 $\rho = 0.00000004711475127$

太陽表面的臨界密度 $\rho = 0.467888833$

地球表面的臨界密度 $\rho = 1.833242206$

12. e^2 才是關鍵，而不是重力 g ！

愛因斯坦把星體發光所造成的紅移稱為重力紅移，因為他認為紅移的產生是來自於星體發光表面的重力。

而由重力紅移公式：$Z = e^2$

我們會發現 e 才是紅移的真正成因，而不是重力 g ！而其他行星公轉進動、質量造成空間凹陷、光通過重力場的偏折等物理公式也是如此，e 才是作用運動質點的關鍵，而不是重力 g ！

宇宙中所有的星體都在動，地球在自轉、公轉，太陽繞著銀心公轉，銀河朝向室女超星系團運動，宇宙盤面也在迴旋運動，宇宙所有的空間處處藏有光速比 e，而它正是作用於宇宙中所有運動質點最重要的物理量。相信透過 e 可以重新寫出空間與運動質點相互關係的廣義相對論。

愛因斯坦認為引力場是通過描繪在空間各點不同大小的重力 g 所引發的。但事實上真正關鍵的不是重力 g，而是盤面各處不同公轉速度與光速之比的平方 e^2 。

如同電磁學中的磁場，質量存在產生引力場當然不是透過無形的超距力，而是以該質量為中心點隨著半徑增大而速度平方遞減的盤面迴旋速度平方，才是空間產生物理實在性的「引力場」。

是 e^2 決定引力的大小、空間凹陷角度、光通過時的曲折角度、重力紅移、質點於盤面公轉的進動角度，e^2 是引力場的空間各處詳實描述！

e^2 決定運動質點在宇宙中應如何運動！

宇宙空間佈滿了各種不同的 e，空間像是沙漠中蟻獅所設下的漏斗形陷阱，質點通過會陷入其中或偏折，端看質點通過該凹陷空間時的速度。

宇宙中任何運動質點受空間中不同質量、重力影響所引起的任何改變問題，必然可由該質點所處的空間點上的盤面速度與光速之比 e 或 e^2，求出該變化的物理公式！

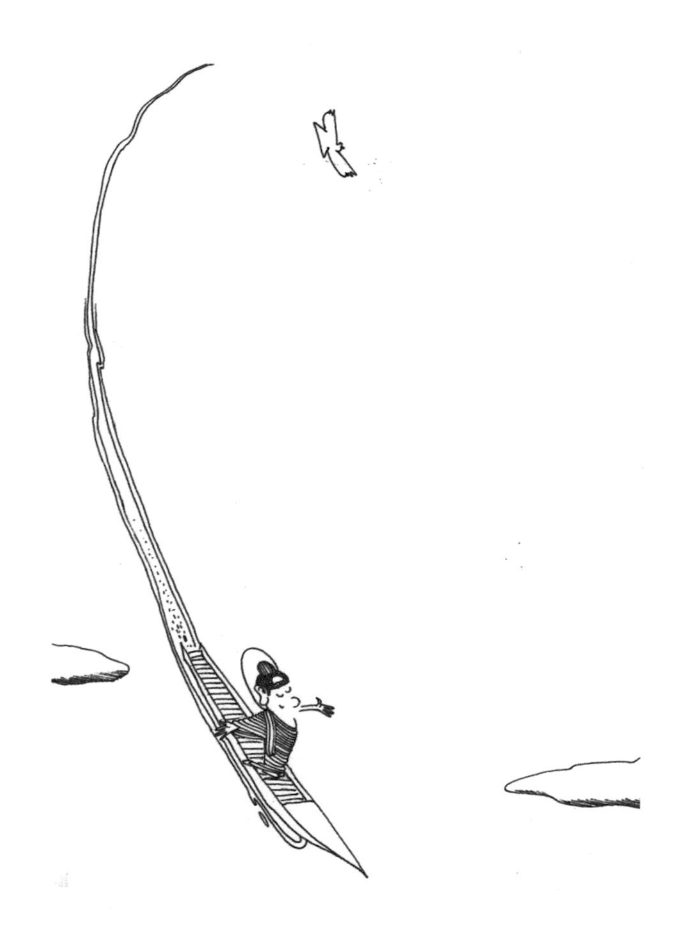

13. e^2 解釋了宇宙為什麼完全平坦

因為 135 億光年半徑裡：$e^2 = 1$。

愛因斯坦在他所發表的廣義相對論中說：宇宙空間是彎曲的，光在其中所行進的路徑也是彎曲曲線。然而由公式：宇宙總質量 ÷ 宇宙半徑 135 億光年＝光速平方，我們知道在 135 億光年半徑裡，整個宇宙盤面迴旋速度都是光速 C，也就是說，我們所稱的 135 億光年宇宙是完全平坦的。

唯有分佈於宇宙平底鍋上的超星系團、星系、恒星等各級宇宙次級體系的慣性「色空場」內部，才有各種不同凹陷空間存在。

宇宙質量＝氫質量 $\times 10^{80}$ ＝光速 $^2 \times$ 135 億光年

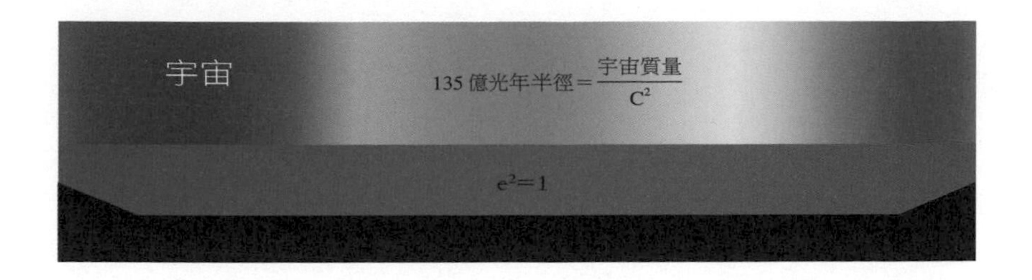

e^2 ＝ 1，完全平坦的宇宙使來自各個方向的宇宙微波背景輻射完全相同。

宇宙半徑＝ 135 億光年，而這也正是宇宙的光速半徑。光速半徑中的盤面迴旋速度全部為光速 c ！

我們等同於存在於空間凹陷角度為 12.76215564 度的平底鍋裡，由凹陷盆地中所觀測到的宇宙微波背景輻射當然會完全相同，因為宇宙微波背景輻射完全反射自等高度的平底鍋邊緣。

重力 g 不是重點，速度與光速之比 e 才是關鍵！

重力 g 的大小反比於時間平方，而時間是我們人為規定的，因此重力 g 不是宇宙統一標準物理量。一切所謂重力紅移、重力偏折、水星進動都與重力 g 無關，只與 $e = v \div c$ 有關，e 才是宇宙統一標準物理量。

以下便是不使用重力 g，改以 e 的自由落體或拋體公式的物理方法。

不必使用重力 g 的自由落體的物理公式

往上抛最高點↑ $\Delta S=\frac{1}{2}Re^2$

抛到最高點所花的時間↑ $\Delta t=\frac{te}{2\pi}$

往下墜落瞬間速度↓ $\Delta e=2\pi e\frac{\Delta t}{t}$

往下墜落瞬間距離↓ $\Delta S=2\pi^2R\left(\frac{\Delta t}{t}\right)^2$

e ＝抛射速度 ÷ 抛射點的盤面公轉速度

t ＝公轉週期

v ＝盤面公轉速度

R ＝抛射點的球面半徑

e^2 可求出原本以圓軌道公轉的行星因速度改變而轉為橢圓軌道的公式

$$R=\left(\left(\frac{\text{週期}}{2\pi}\right)^2\text{質量}\right)^{\frac{1}{3}}$$

$$e=\frac{\Delta\nu}{\nu}=\frac{\text{變化的軌道速度}}{\text{原公轉軌道速度}}$$

$$\text{半長軸 }a=\text{ 半短軸 }b\,(2e_1^2-1)=R\left(2-\frac{1}{e_1^2}\right)$$

$$\text{半短軸 }b=\text{ 半長軸 }a(2e_2^2-1)=\frac{R}{e_1^2}=Re_2^2$$

$$\text{偏心率 }\varepsilon=1-\frac{1}{e_1^2}=1-e_2^2$$

重力紅移 $Z=e^2$

水星進動角度 $\theta=360\times 3e^2$

光通過重力場折射角度 $\tan\theta=4e^2$

質量造成空間凹陷增長距離 $S=L\left(\frac{e}{2\pi}\right)^2$

等速度場虛質量 $\Delta M=M\log_2 e^2$

動能 $P=\frac{1}{2}Me^2$

以上一連串影響運動質點的公式都跟 e^2 有關，證明影響質點於宇宙中運行的不是運動空間中的質量、重力，而是宇宙中最重要的物理量：e^2。

一路到底求質量體系半徑公式

由宇宙到氫原子，任何自體系無論質量大小都有一定的核半徑、核心通道、外圍有效半徑。

任何慣性「色空場」自體系的核直徑＝質量的三次方根！

由核半徑公式求太陽、水星、金星、地球、火星、木星、土星、天王星、海王星、冥王星、月球、氫原子，太陽到氫原子質量差為：

$$\text{太陽與氫原子的質量比 e} = \frac{\text{太陽 } M}{\text{氫原子 } M} = 1.18599 \times 10^{57}$$

公式值與真實觀測值之間的誤差大都約在 10%以內。

$$\text{外圍半徑 } R_2 = \left(\frac{M}{1000}\right)^{\frac{2}{3}}$$

$$\text{核平徑 } R = \frac{1}{2} M^{\frac{1}{3}}$$

$$\text{核心通道半徑 } R_1 = \left(\frac{M}{1000}\right)^{\frac{1}{3}}$$

14. e 可能是統一場論四種力的聯結之鑰

如果 e 能輕易解決廣義相對論水星進動、光波重力紅移、光通過重力場偏折、質量產生空間凹陷等四個問題，或許 e 也可能是統一場論的重力與量子力學的其他三種力之間的聯結。

古典統一場論最早是來自古斯塔夫·米和恩斯特·賴因巴赫，分別於 1912 年和 1916 年提出的理論。愛因斯坦發表廣義相對論後，試圖整合廣義相對論以及電磁學，將電磁現象和重力理論整合在一起，成為統一場論。他孜孜不倦地思索研究統一場論 30 多年，儘管由於他的聲望，他的這些工作依然不斷地被發表，卻從未取得真正令人滿意的成功。晚年他曾感慨地說：「統一場論將被遺忘，但在未來會被人們重新發現的！」

四種力都用 e 來描述

雖然電磁力與重力之間相差很大：$n=\dfrac{\text{電磁力}}{\text{重力}}=10^{39}$

牛頓力學裡的重力 g 可以改由盤面公轉速度與光速之比 e 來描述，量子力學裡的電磁力、強核力、弱核力，同樣地也可以用電子速度與光速之比 e 來描述。

如果我們把四種力的物理公式都寫成 e 的形式，或許能找到連接重力與電磁力、弱核力、強核力三種力的方法。如此一來，e 便是連接量子力學電磁力、強核力、弱核力與重力的關鍵！

質量體系與原子的運作是相同的

正如光既是粒子又是一種波，物質也是粒子又具有物質波一樣，電磁效應不只是微觀原子、基本粒子的量子力學專屬，在宇宙尺度的星系、星體、氣象等質量體系的運作裡，也有相同的質能電磁效應。

我們看垂直的電流，引發平行磁場迴旋運動；橫向電場的迴旋運動，引發垂直的磁力運動。

質量體系也是如此，我們看颱風或龍捲風運作時將會看到：

垂直往上的氣流，引發周邊氣流的平行迴旋運動。

將浴缸的水放掉時，也會發生一樣的狀況：

垂直往排水口流動的水，引發浴缸中的水平行迴旋運動。

如果我們把垂直運動的氣流、水流稱之為質能電流，平行迴旋的氣流、水流稱之為質能磁場，那麼運算重力與電磁效應，便都可以通過平行迴旋速度與光速之比 e 來描述了。

第三節 M and e

對質量體系格物致知到最終究竟，結論就是只需要質量M和盤面的速度與光速之比e兩個物理量。

M決定星體的核心垂直通道、星球、星環半徑和外圍有效作用力半徑範圍。

e決定體系內外的所有質點，於盤面內應該如何運動。

$$\text{核心垂直通道半徑} = \left(\frac{M}{1000}\right)^{\frac{1}{3}}$$

$$\text{星體半徑} = \frac{1}{2}M^{\frac{1}{3}}$$

$$\text{星球半徑} = M^{\frac{1}{3}}$$

$$\text{外圍作用力半徑} = \left(\frac{M}{1000}\right)^{\frac{2}{3}}$$

1. 質量體系的內外作用力範圍

$$核心垂直通道半徑 = \left(\frac{M}{1000}\right)^{\frac{1}{3}}$$

$$星體半徑 = \frac{1}{2}M^{\frac{1}{3}}$$

$$星球半徑 = M^{\frac{1}{3}}$$

$$外圍作用力半徑 = \left(\frac{M}{1000}\right)^{\frac{2}{3}}$$

例如，

太陽質量 M ＝ $1.982264226 \times 10^{18}$

核心垂直通道半徑＝ 125618.57 公里＝ 695990 公里 ×0.18

太陽半徑＝ 628092.85 公里＝ 695990 公里 ×0.9

太陽星環半徑＝ 1256185.7 公里＝ 695990 公里 ×1.8

外圍有效作用力半徑＝ 15780025313.26 公里＝ 695990 公里 ×22672.77

PS：最漂亮的公式是：星體直徑＝質量三次方根；

最不喜歡的公式是：外圍作用力範圍＝垂直通道平方。

質量體系的有效勢力邊界

地球同步運動空間存在於太陽盤面，太陽同步運動空間存在於銀河盤面，銀河系同步運動空間存在於宇宙內空腔。

什麼是次級同步運動空間與它所存在的空間之間的分界邊緣？

質量體系邊界

次級質量體系邊界半徑，為兩空間重力相等之處。

R ＝公轉半徑 ÷ 兩質量差的次方根

$$\Delta r_2 = R_1\sqrt{\frac{m_2}{M_1}} \qquad \Delta r_2 = \frac{R_1}{\sqrt{\frac{M_1}{m_2}} \pm 1}$$

太陽＝ 695990 公里 ×1298943

水星＝ 2439 公里 ×9.6673

金星＝ 6051 公里 ×27.944

地球＝ 6378 公里 ×40.729

火星＝ 3393 公里 ×38.024

木星＝ 71492 公里 ×330.031

土星＝ 60536 公里 ×399.534

天王星＝ 25559 公里 ×739.325

海王星＝ 24764 公里 ×1338.67

冥王星＝ 1200 公里 ×401.42

月球＝ 1738 公里 ×24.527

2. 原子核中之核半徑

1909 年，核子物理之父盧瑟福在英國曼徹斯特大學和學生馬斯登用 α 粒子撞擊薄金箔時，發現大部分的粒子都能通過金箔，只有極少數會跳回。他提出了一個類似於太陽系行星系統的原子模型，認為原子空間大都是空的，電子像行星圍繞原子核旋轉，原子中的核子半徑大約：

$r = 1 \times 10^{-18}$ 公里

質量＝速度平方 × 半徑
重力＝速度平方 ÷ 半徑
當半徑＝質量平方根時，半徑＝速度平方，重力＝ 1。

原子核半徑＝$\sqrt{M} = V^2 = R$

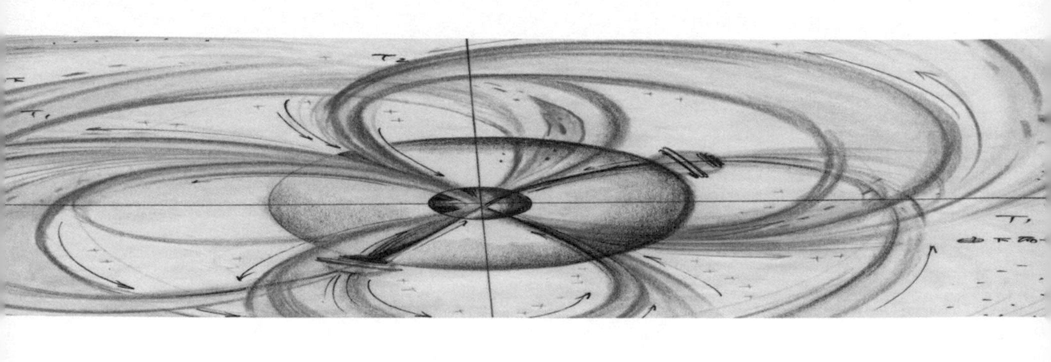

第十六章
宇宙是什麼

宇宙無形，氣之本體。

宇宙是氣聚、散、合、分的變化過程。

宇宙是氣的本體，氣是宇宙的顯現。

原子對宇宙說：

「你是一顆大原子，我是一個小宇宙。」

如果宇宙真由神所創造，他應該會以最簡潔的公式、單一法則描繪出整個宇宙所有事物。

例如，

原子與宇宙、颱風與星系都只是：

大同而與小同異，此之謂小同異；

萬物畢同畢異，此之謂大同異。

1. 佛陀的十四無記

當初佛陀說法時，有十四個問題不談：

⑴世間常嗎？

⑵世間無常嗎？

⑶世間亦常亦無常？

⑷世間非常非無常？

⑸世間有邊嗎？

⑹世間無邊嗎？

⑺世間亦有邊亦無邊嗎？

⑻世間非有邊非無邊嗎？

⑼如來死後還存在嗎？

⑽如來死後不存在嗎？

⑾如來死後亦有亦非有是嗎？

⑿如來死後非有非非有是嗎？

⒀命與身是一嗎？

⒁命與身異嗎？

因為佛陀認為談論這些無法證實的事，只會增加貪欲愛染，無助於達至智慧彼岸無苦境界的修行。這十四個不談的問題就稱之為「十四無記」。

2. 宇宙的七無記

太陽系是如何形成的？太陽為何每 11 年會磁場轉換？月球是由地球遭受小行星或彗星撞擊而分開的嗎？

如果我們連近在咫尺的現象都不知道，談宇宙如何創世、宇宙剛開始是怎麼產生等無法證實的假說，不是很不切實際？

我認為以今天的天文條件和理論物理知識，還沒有能力直接談論這些，因此我們只談可見的現象，不談現今無法證實之事，姑且學佛陀稱之為「宇宙七無記」。

(1)宇宙之前是什麼？
(2)宇宙如何創生出來？
(3)宇宙的未來會如何？
(4)世間有多重宇宙嗎？
(5)物質是如何產生的？
(6)空間是如何產生的？
(7)一切如何無中生有？

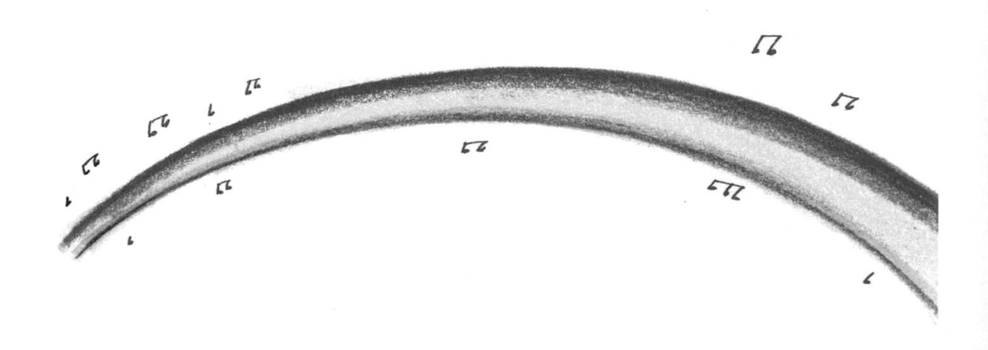

第一節　宇宙是什麼

1. 我們的宇宙是最終極的母體嗎？

① 由今天的觀測條件與宇宙物理的知識，我們還不夠條件談宇宙創世。

因為我們連今天所稱的宇宙是不是最大的體系都還不知道，它極有可能只是祖母宇宙、母宇宙的次級體系。如同我們以前認為中國就是世界中心，後來知道地球才是世界，又後來知道太陽才是宇宙中心，1755 年我們才知道太陽只是銀河系 1600 億恒星之一，今天才知道銀河系只是已知宇宙的 5000 億星系之一。

② 我們今天還不知道我們的宇宙是不是最大的終極質量體系！

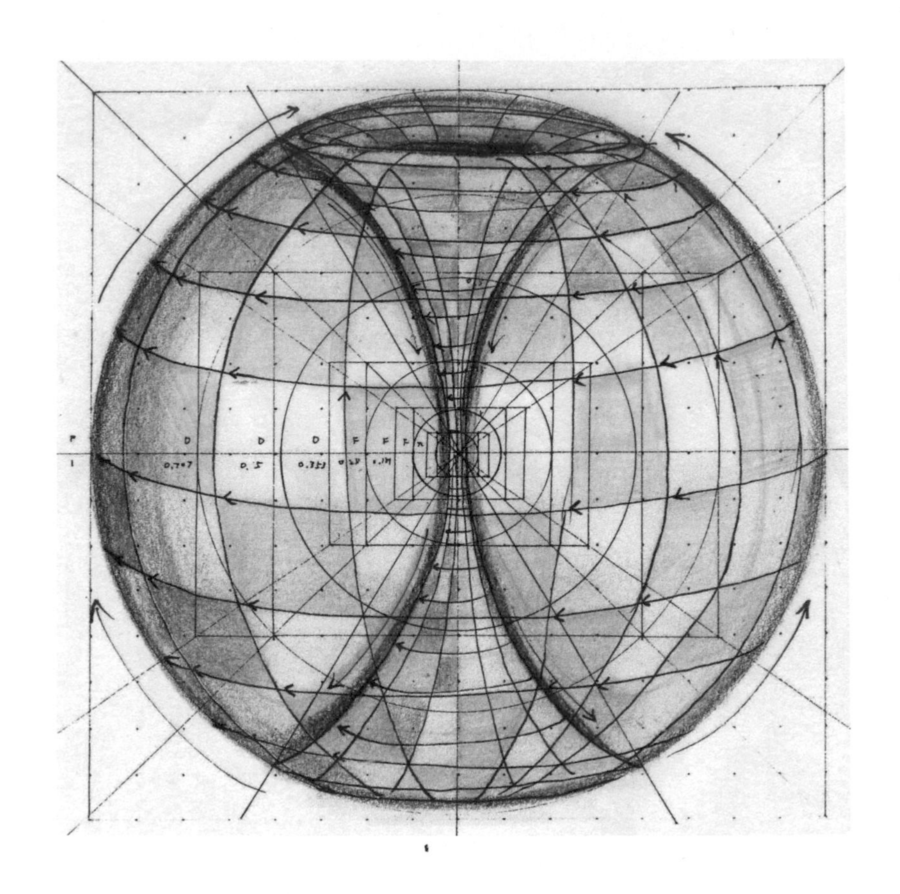

從星系以上的角度看，宇宙是超大尺度的球體內氣象風暴，猶如行星表面上空的颱風、龍捲風、積雨雲、捲雲。只是：宇宙＝反轉的球體表面！

2. 宇宙是反轉球體表面的空腔

球體南北兩極點＝宇宙球體表面

球體表面外太空＝宇宙垂直核心通道

球體表面赤道＝宇宙核心通道最細的奇點

球體表面氣流層氣象＝宇宙球體空腔中的星系、超星系團

宇宙核心球體＝球體赤道炙熱區域

宇宙球體表面＝球體超冷南北兩極點

宇宙萬物＝氣之陰陽的變化

天地萬物即氣之聚散所表現之變化，陰陽、虛實、靜動、隱顯、幽明反覆循環。

陰陽不測謂之神，神而有常謂之天。

第二節　奇妙的宇宙空間

1. 宇宙有多大？

英國物理學家狄拉克猜想：宇宙質量＝氫原子 $\times 10^{80}$。

假設狄拉克猜想正確，那麼宇宙半徑＝ 32138.7026 億光年！

宇宙的光速半徑＝ 132.433 億光年，與目前科學家所宣稱的宇宙半徑大約 135 億光年的講法很接近，只是如果宇宙質量真如狄拉克所說，那麼這 135 億光年不是宇宙半徑，而只是宇宙的光速半徑。

這也可以解釋為何宇宙看起來那麼平坦，為何來自四面八方的宇宙微波那麼均勻。因為在這 135 億光年裡，整個宇宙的盤面迴轉速度都等於光速！整個宇宙盤面空間凹陷度＝ 0！

2. 宇宙是什麼形狀？

宇宙中的各級質量體系：原子、水滴、氣象、衛星、行星、恒星、星系、超星系團等，都呈圓形或橢圓形，宇宙同為質量體系之一，理所當然也是呈圓形或橢圓形。

3. 星系＝空中有色

星系＝超大尺度的颱風，颱風由上升的高溫水氣因緣和合而生。銀河系五萬光年半徑盤面空間中，有兩千億顆恒星、無窮多數彗星和獵戶座星雲、馬頭星雲，是無核心星球的空心體系。

因此，可以稱之為「空中有色」質量體系。

4. 星系＝超大尺度氣象

星系＝超大尺度颱風
類星體＝龍捲風
超星系團＝木星大紅斑
黑洞＝銀河中心垂直通道颱風眼
宇宙大爆炸＝含有物理公式的現代創世神話

星系由宇宙核心產生，然後慢慢往外圍移動，由高溫低氣壓氣旋轉為低溫冷氣團。如同地球寒流來自兩極點，熱帶氣旋產生於南北緯度 5 度。宇宙星系產自於核心垂直通道周邊炙熱區域，低溫超星系團塊來自宇宙球體表面。內外冷熱氣流相互交換、生生不息地反覆循環。

5. 彗星＝星系中的大雨滴

中國很早便對彗星的觀察留下記錄，《淮南子·兵略訓》說：「武王伐紂（西元前1056年），彗星出而授殷人其柄。」對哈雷彗星的最早觀察記錄則是西元前613年（魯文公十四年）：「秋七月，有星孛入於北斗。」

彗星＝宇宙尺度颱風（星系）的雨滴，銀河系中的彗星數量＝颱風的雨滴數量，彗星質量＝一滴雨 × 銀河質量 ÷ 颱風質量＝半徑104公里的冰球。

6. 恒星＝色中有空

太陽系有中心恒星外，還有九大行星、小行星群、彗星和最外圍的歐特星雲區。

除此之外，99.999％都是空無一物的同步空間，是具有核心星球的有心體系，因此我們可稱之為「色中有空」質量體系。

相同的行星系統也有衛星系統和廣大空無一物的同步空間，同屬於有核心星球的「色中有空」質量體系。

7. 原子是什麼？

原子有原子核和外圍電子雲，原子又是有心體系，但又像星系一樣有外圍雲層，可稱之為「色中有空、空中有色」質量體系。原子是迷你型的微觀小宇宙，宇宙是超大尺度的大原子。

8. 光是波還是粒子？

實驗證明光是波，同時又是粒子。物質也被證明具有波粒雙重性，我們應如何解釋這種現象？

9. 觀測的方式決定波性或粒子性

由於我們不同的觀測方式產生不同的波粒雙重現象，由水波、聲波的例子，可發現任何波動都是波源作用於空間，引發原本處於靜態的空間騷動。

如果我們把一段連續光波的每個光波峰、波谷切成一連串的單一個體，看成一個個質點，那麼光就是粒子性。如果我們所觀察到的是光波所引發空間騷動效應，那麼光便是波性。

例如，我們把十顆石頭丟進平靜的湖面，如果到湖底觀測進入湖中的石頭數目，就觀察到粒子性。如果我們把重點放在觀測湖面，就觀察到波的相互干涉變化，就是波性。

10. 正物質與反物質

我們的宇宙是由物質所構成的，但宇宙中也有反物質存在。

據科學家的說法：宇宙創生時原本正負物質各半，但它們相互結合而湮滅，釋放出能量，只剩下部分正物質留下來，形成今天的宇宙。

11. 反物質

1927 年 12 月，英國物理學家狄拉克提出了電子的狄拉克方程式，發現了和電子相反的正電子。證明宇宙中除了物質之外，也有自旋方向相反的反物質存在。在粒子物理學裡，反物質是反粒子的延伸，反物質是由反粒子構成的。

物質與反物質的結合，會如同粒子與反粒子結合一般，導致兩者相互湮滅，釋放出高能光子或能量較低的正反粒子對。但我們所見的宇宙幾乎充滿了物質，是否有其他地方幾乎充滿了反物質？

12. 地球上的正反物質

地球大氣層厚度約等於地球半徑的五百分之一，地球上空的氣象受地球由西往東旋轉的影響，北南半球的科氏力方向相反，由赤道分別朝向南北兩極的南北半球氣旋自旋方向不同。

北半球的颱風暴風左旋，颱風路徑由東南朝向西北行進。南半球的颱風暴風右旋，颱風路徑由東北朝向西南行進。

如果我們把迴旋方向相反的質量體系稱為正反物質，那麼南北半球颱風便是正反質量體系。

由於赤道上下各五個緯度分隔，讓上下南北半球的颱風不會相互遭遇，導致兩者相互湮滅。

13. 圓球內空間自旋不同於圓球表面自旋

宇宙等於是個球體表面反轉的球體內空腔，但氣旋在三維球體內運動和在二維球面不同，如同太陽系中九大行星都以相同方向自轉公轉，球體內部的星系不會因為宇宙旋轉而產生南北半球自轉方向不同的現象。

因此，單一方向旋轉的球體內部，不會產生自旋方向相反的正反質量體系。如果宇宙中發現反物質，它必然產生於次級體系的球體表面，如地球南北半球自旋風向相反的颱風、龍捲風。

第三節 宇宙是最終極的質量體系嗎

我們所稱的宇宙是最終極的質量體系嗎？還是在此之上還有母宇宙、祖母宇宙、曾祖母宇宙？

如果我們不確定知道宇宙是否宇宙最終極體系，談「宇宙大爆炸」的創世便不具意義。

由星系尺度以上觀察，宇宙中幾乎等同於大氣變化的聚合體，宇宙應該等同於地表上空大氣層的反轉為球體表面所構成的內空腔。

從這角度看，宇宙便是最終極的最大質量體系。但如果宇宙只是更大版本的超星系團，那麼它應該只是更大體系裡的次級質量體系而已。

1. 宇宙＝空中有色還是色中有空？

宇宙是超大尺度的大原子，原子是迷你型的微觀小宇宙。宇宙應該與原子很相似，既有空腔的星系、超星系團雲層，又有如原子一樣的宇宙核子的「色中有空，空中有色」質量體系。

大球體的內空腔才會是終極質量體系

宇宙中最終極的質量體系必然等於反轉的球體表面，而非只是小集團質量體系的聚集為更大的聚合體。

而這反轉球體表面的球體內空腔，還需要牛頓絕對空間。因為一切因緣生、一切因緣滅。存在需要存在的依歸處，少了絕對空間，宇宙便無處可以生成。

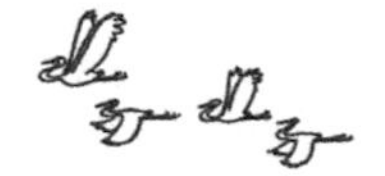

2. 兩種質量體系

觀察宇宙，會發現質量體系有兩種：

❶ 一種是有核心星體，盤面速度反半徑平方的質量體系，例如，太陽、地球、月球、氫原子。

❷ 一種是無核心星體但有垂直氣流通道，盤面等速度的質量體系，例如，超星系團、銀河、颱風、龍捲風。

至於宇宙是屬於哪一種質量體系？

由135億光年光速半徑角度看，宇宙可以解讀為無核心星體，盤面速度為光速C的等速度質量體系。因為在135億光年半徑裡，宇宙盤面迴旋速度全部相等為光速C。但由太陽於半徑1.4828公里以內，迴旋速度也是光速C的角度看，宇宙只是光速半徑很大的有核心星體，光速半徑之外也是盤面速度反半徑平方的有核心的質量體系。

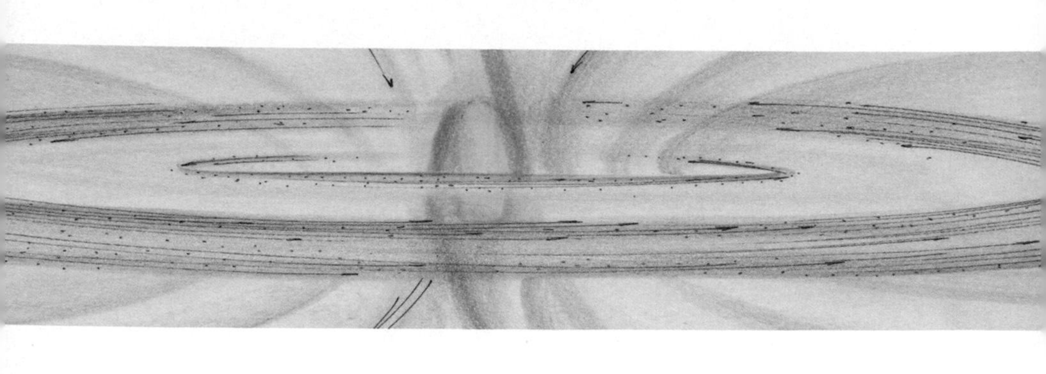

第十七章
自然是一本打開的書

愛因斯坦說：
「我們宇宙最不可理解的就是：它是完全可以理解的。」

宇宙是什麼？

弟子問禪師說：

「宇宙是什麼構成的？」

「我們所存在的是色空宇宙！」

「什麼是色空宇宙？」

禪師回答說：

「宇宙中沒有完全的空，也沒有完全的色。

非空非色，是空是色，空即是色，色即是空。

宇宙是有（氣）無（空間）相生、色空一體、因緣條件具足而生，也將因緣不再而滅。」

我們由星系以上的尺度看，宇宙像是超大尺度版本的氣象聚合體。一切由晴朗無雲變成烏雲密佈、暴風閃電、雷雨交加，又變回萬里長空，一切回復常態。一切因緣生，一切因緣滅。

第一節 從地球能看穿宇宙之秘嗎

❶ 我們目前還無法得知有如何從無中產生，因此我們還沒有能力正確談論宇宙如何創世！

❷ 由已經有微塵（氣）開始，我們由觀察地球的大氣變化，大致能知道宇宙是如何運作構成！因為從星系以上的角度看，宇宙只是超大版本的大氣變化，我們能從地表看到的現象，得知宇宙星雲、星系、超星系團的形成和運行的法則。

第二節 宇宙是超大版本的氣象

每當初春下午一片萬里晴空，突然變成烏雲密佈、雷雨閃電交加時，我便很興奮地拿一張椅子獨坐窗前觀看整個變化過程。氣象變化神奇無比，由晴朗到暴雨又恢復晴朗，整個循環過程往往不到一個小時。

如果我們把晴朗無雲的天空當為「虛空」，把各種雲當為「氣」，那麼短暫春雷現象的雷雨便有如北宋五子之一的張載所說的：

天之不測謂神。神而有常謂天。氣有陰陽。推行有漸為化，合一不測為神。散殊而可象為氣；清通而不可象為神，神化一體。

宇宙是氣聚、散、合、分的變化過程，宇宙是氣的本體，氣是宇宙的顯現。宇宙無形，氣之本體。

如果宇宙是超大版本的氣象，那麼便可以由颱風、龍捲風、雷雨暴等大氣變化來研究宇宙星系，地球本身便是最好的宇宙研究中心。

一切因緣生，一切因緣滅

任何存在也都有生、住、異、滅的生命變化過程。凡是存在必將變異，凡是不變的便不可能存在。一個質量體系的形成是客觀條件具備而形成的一時現象：

此有故彼有，此無故彼無；
此生故彼生，此滅故彼滅；
一切因緣生，一切因緣滅。

當條件消失後，氣由聚而散、由合而分，一切又恢復平靜。地球上的颱風氣象如此，宇宙中的星系也是如此。

颱風由赤道上下 5 緯度生成，往兩極方向位移。星系、超星系團由宇宙球體炙熱的核心周邊生成，朝向外圍方向位移。我們由颱風的一生，可以對比出星系超星系團的未來。

形體＝內蘊外現

從颱風由無到有、又由有到無的過程中，如果我們以「質量＝速度平方 × 半徑」的方式來描述質量體系是最貼切的方法，其實我們目前也正是以這種方法來比較兩個星體的質量大小。

由三維體積描述質量時，質量的三次方根正等於一維的空間長度＝半徑＝速度＝重力，而半徑、速度、重力的正確描述也是一段距離。

一個質量體系的外在形體，是由內在各種精細結構的作用力反映所形成的。

任何存在都有如一個活生生的生命，颱風、龍捲風都具有中心垂直氣流通道的攝食系統，吸取下層熱氣和周邊外圍雲團。

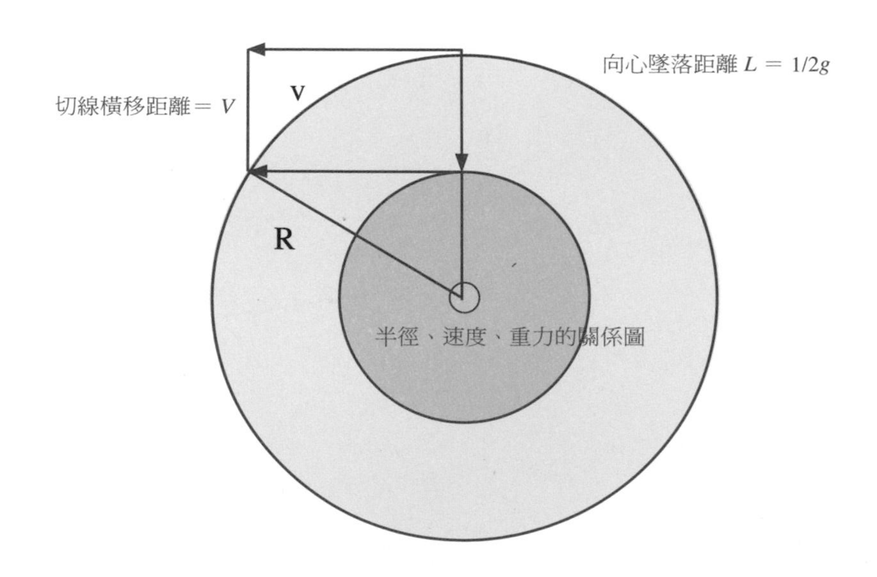

又有如電磁效應般的：垂直上升的氣流（電）與橫向迴旋的暴風（磁）交互運動。

日本詩人芭蕉有一首很著名的詩句：

萬古長空，
水池，
噗通一聲響，
一蛙跳入水中央！

此時此際，主體客體、能知所知都不復區分，悟境就發生於這絕對合一的瞬間。整個宇宙迷霧，都在那隻青蛙撲通一聲跳落水中的那一瞬間，頓然煙消雲散。

宇宙由因緣而生，因緣不再而滅。如同青蛙跳入古池中，消逝不見。

跋

科學是一條永遠走不完的道路

如果有人問我：「研究物理最重要的關鍵是什麼？」

我定會回答說：「問問題！問自己問題！沒有問題便無從思考，也沒有答案。重點不在於答案，而在於有關鍵的好問題。」

我的一生比較傳奇，一出生便受洗成為天主教徒，教堂是我西方文化思想的窗口，大腦被灌進西方的軟體。隨著自我成長期間，自己再慢慢灌進東方軟體。五十歲之前，研究中國經典、老莊、禪宗和印度佛陀等東方思想。五十歲之後，又一頭栽進西方宇宙物理，研究牛頓、愛因斯坦。

然而真理只有一種，無論它是透過英文、拉丁文、希伯來文、中文或是物理、數學語言，它所要表達的就是真理本身。真理唯有對錯之分，沒有古今、中外、東西之別。因此無論是大腦灌進什麼軟體，鑽研的主題是東或是西，對於真理而言，只要不造成大腦當機，知識的輸入當然是多多益善、百無禁忌。

先秦諸子百家哲學有很多故事，其中有一則寓言出自於《列子》：

有一個人遺失了一把斧頭，他懷疑是鄰居家的小孩偷的。於是便暗中觀察那小孩的言行、神態，怎麼看都像是偷他斧頭的人！後來有一天，他在自己的後山找到了遺失的斧頭，原來是上次使用後自己忘了帶回家。從此以後，他再去看鄰居家的小孩，怎麼看都不像是一個會偷斧頭的人！

這個故事的隱喻是：如果先設定一個假設，自己也深信不疑，然後再去尋找證據證明自己的假設時，那麼他們一定會找到很多很多自己所期待的證據。如果他把自己的發現過程和結論發表，跟隨他思路行進的讀者們也會同意他的論點。

2300 多年前，中國哲學家莊子說：
筌者所以在魚，得魚忘筌；
蹄者所以在兔，得兔忘蹄；
言者所以在意，得意忘言。

莊子說：「語言是為了表達思想，意思明瞭以後，文字便可以捨棄了。」更直接的方法是：當我們閱讀一篇論文時，直接透過文字揣摩作者的意思，而不是去讀文字本身。這個方法很容易發現作者思維的錯誤，而不會追隨他的思路，跟他一起迷路。

愛因斯坦的狹義相對論裡的時間會因為觀察者的運動而膨脹的理論，就是一個典型的例子。

1. 愛因斯坦時間理論的緣起

1862 年麥克斯威爾發表《論物理力線》，提出了「位移電流」的概念，預言電磁波的存在，指出電磁波是一種以光速在空間傳播的波。光也是電磁波的一種，光既產生便以真空光速擴張，與波源的運動無關。

水波的傳播介質是水，音波的傳播介質是大氣，當初科學家們認為光的傳播介質是以太，光運動於不動的以太之海。

運動中的地球相對於不動的以太，我們所觀測的光速應該具有不同的速度。但通過多次實驗證明，在地球所觀察到的光速在任何方向上都是不變的光速 C。為解決這一矛盾，洛倫茲把伽利略變換修改為洛倫茲變換，在洛倫茲變換下，麥克斯威爾方程式具有相對性原理所要求的協變性。

2. 狹義相對論的基本原理

愛因斯坦意識到伽利略變換實際上是牛頓古典時空觀的體現，如果承認「真空光速獨立於參考系」這一實驗事實為基本原理，可以建立起一種新的相對論時空觀。由相對性原理即可導出洛倫茲變換。

1905 年愛因斯坦發表論文《論動體的電動力學》，建立狹義相對論。

愛因斯坦在狹義相對論定義了兩個基本原理

1. 在所有慣性系中，物理定律有相同的表達形式。
2. 光既產生便以光速 C 在空間中傳播，與光源運動無關。

絕對的空間和時間是不存在的，空間和時間並不是相互獨立的，應該以統一的四維時空來描述。

愛因斯坦認為：「當我們以不同速度運動時，時間的流速會變慢，運動方向的距離會收縮。」

3. 愛因斯坦錯了嗎？

時間會因為觀察者速度而改變的理論，愛因斯坦錯了嗎？

對於時間會因為觀察者速度而改變的理論，愛因斯坦當然是錯了！

以太已經被證明是人為創造出來的虛擬產物，光不是運動於相對於地球不動的以太之海。

光不需要以太作為傳播介質，與地球同步運動的真空才是光的傳播介質。

當觀察者 B 與光源 A 同步運動時，AB 等於同處於不動空間，如同在伽利略大舟內的音波、水波、光波不因為大舟的運動改變波長一樣（在所有慣性系中，物理定律有相同的表達形式）。

因此，當時科學家在地球上做的實驗都證明光在各個方向上速度都相同。

4. 愛因斯坦錯在哪裡？

愛因斯坦的錯誤在於：

❶ 愛因斯坦先假設光一定傳播於相對於運動中的地球不動的絕對空間上（雖然它不稱為以太），認定任何運動中的觀察者必然會觀測到不同光速。

❷ 實驗證明光速在各個方向都相同。愛因斯坦強行解釋為：觀察者的速度改變了時間膨脹、距離收縮。然後再以洛倫茲變換公式證明時間膨脹、長度收縮，才使得光速在各個方向都相同。

由整個過程可以發現狹義相對論是建立在：先驗性的假設運動觀察者必然會看到不同光速。但實驗證明光速不變，又解釋為是因為觀察者的速度改變了時間的流速，才造成光速不變。

5. 從虛空中虛擬出來的理論

整個理論比《列子》那個自以為丟了斧頭的故事還要曲折一點。

1. 先自以為斧頭一定是丟了。
2. 偷斧頭的人一定是鄰居家的小孩。
3. 發現斧頭沒丟，還放在原來的地方。
4. 又認定是小偷自己把斧頭還回來。

真實是斧頭從來就沒有被偷，斧頭失而復得完全是自己的想像。

光源 A 與觀察者 B 同處於同步運動空間時等效於不動空間。AB 之間的相對距離不變時，波速波長不變。

光速原本就不變。「光速是改變了，觀察者的運動使時間膨脹又讓光速不變。」這純屬愛因斯坦的個人想像！

由另外一個角度思考：我們知道宇宙中沒有不動的絕對空間，光產生後第一個可以作為運動基礎的，理所當然是波源所存在的空間，當光擴張到非波源同步空間後，才會依相對運動改變空間波長。

不可能在光產生剎那，就預先得知光源空間與不動絕對空間之間的相對速度，然後遵守不動的絕對空間的規律來相對於自己所誕生的光源空間，更何況宇宙中沒有所謂的不動絕對空間以太之海。

6. 真實的光波運動是什麼？

如果愛因斯坦的理論是錯的，什麼才是光波運動的真實面目？

1. 在所有慣性系中，物理定律有相同的表達形式。

2. 所謂運動，指的是運動於所運動的空間。光波運動於光源所存在的空間。

3. 宇宙有重重疊疊同步運動空間，例如，地球帶著月球繞太陽公轉、太陽帶著九大行星繞銀心運動。每一層同步運動空間相對於不同層空間運動。同步空間裡等效於不動空間，例如，運動中的伽利略大舟內。

4. 所有的音波、水波、光波都具有相同的傳播方式，波既產生便分別以一定常數擴張，與波源運動無關。

5. 當波源運動時相對於空間位置的改變，會在空間擴張出各個方向不同的多普勒波長，觀察者的運動會改變自己所接收到的波長。波由產生到被接收有三種變化：波源原發射波長、畫在空間中傳播波長、觀察者所觀測到的波長。

6. 當光源佇立於同步空間中不動，相對於同步空間中的所有觀察者而言，等效於不動光源，波長波速不變。

麥克斯威爾的真空光速的麥克爾遜一莫雷實驗，便是光源 A 觀察者 B 同處地球同步空間，實驗證明當然是波長波速不變。

7. 光進入水中會折射，光走最小時間路徑嗎？

小時候常常聽父親對別人說：「報紙亂寫，歷史亂寫，教科書亂寫。」

我不知道是不是父親亂講，胡亂批評。

但另一方面，我也真不知道報紙、歷史、教科書是否真的亂寫。

從此我看到任何白紙黑字的事物，我不會立刻認為是真理，只會說：「我曾經在報紙、歷史、課本看過有這麼個說法。」

2000 多年前，柏拉圖有位弟子猜想：光由空氣進入水中會折射的原因，是光選取走花時間最少的路徑。

法國數學家費馬在他的光學理論中有個著名的理論：「最短時間原理」。在兩點間的許多光可能行走的路徑中，光選擇耗時最短的路徑！因此最短時間原理也稱之為費馬原理！

最短時間原理可以推導出菲涅耳定律、反射定律等。由菲涅耳定律我們能瞭解光，當光接觸到另一層表面時，便因與此表面的相互作用而產生曲折，發生了折射現象。

8. 光其實並沒有真正走最小時間路徑！

第一次看到光會折射是因為光走最小時間路徑原理。我本著：「曾經在書上看過有這麼個說法。」一切要經過自己認證的觀念，花了兩天學會四次方程式、三次方程式並詳熟整套計算公式，同時自己舉案例來確認折射原理：光進入不同介質時，是否真的因為介質速度變小，而採取最小時間路徑抵達目標？

兩天後，由無數次案例計算結果發現：如果我們先給定光的出發點 A 和終點 B，無論介質折射率多少，A、B 距離介質多遠，整道光所走的路徑其實並沒有真正走最小時間路徑原理！離真正最小路徑還差一點點。

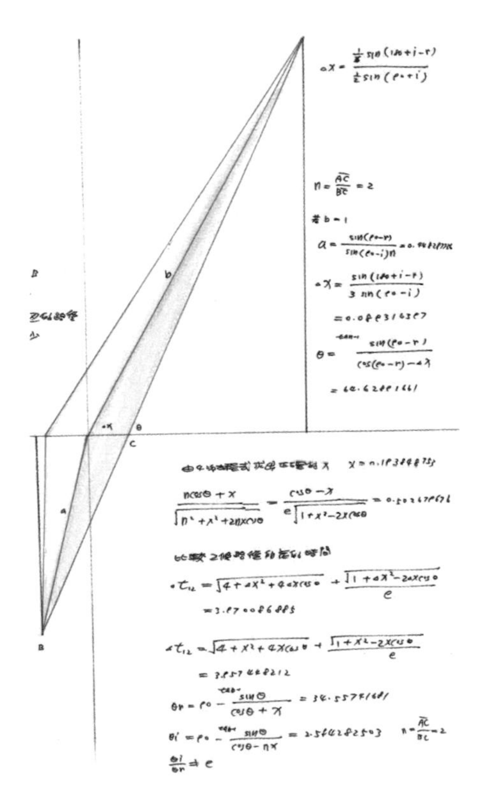

誤差值正比於入射角度，入射角度越大誤差則越大。

9. 代數與幾何的關係

數學是人與真理之間的橋樑，我們總會認為數學是最高、毫無疑問的真理。代數、幾何、微積分等數學是解決宇宙物理問題的工具。其實我們可看出來，單一個物理公式裡面可能含有代數幾何，它們同處在一起。例如：

時間＝通過的總波數 × 通過的波長 ÷ 光速

這公式裡內含代數（總波數、時間＝純數）、幾何（波長、光速＝一段長度），雖然我們可以把這問題看成四則運算問題，但下一個牛頓發現圓周運動的物理力學問題可就沒那麼簡單了。

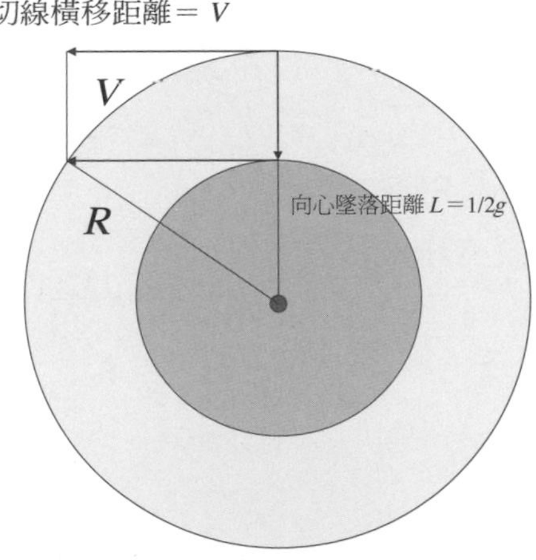

由代數看圓周運動 v、g、R 三者關係：

牛頓由蘋果掉下來，看出月球沒掉到地球的原因是月球也往地球墜落的，只是：質點公轉時，切線橫移速度與向心墜落速度的疊加而形成圓周運動。由牛頓圓周運動原理，查看半徑、速度、重力的關係。

如果我們用代數計算：

質量＝速度平方 × 半徑

重力＝速度平方 ÷ 半徑

關鍵半徑 $R=M^{\frac{1}{3}}$

$M^{\frac{1}{3}}=V=g=R$

質量三次方根＝速度＝重力＝半徑時，速度、重力、半徑都相等，當半徑小於質量三次方根時，重力便大於速度，於是在這關鍵半徑裡的所有質點，便會向質心集中，形成星體。

但是如果我們用幾何看這個問題時，答案則剛好相反！

由幾何看圓周運動：$L = \frac{1}{2} V$

$$\sqrt{v^2 + R^2} - R = 0.5v$$

當速度 $v = \left(\frac{M}{0.75}\right)^{\frac{1}{3}} = 1.333R$**，向心下墜距離** $L = \frac{1}{2} v$

關鍵半徑 $R = (0.5625\text{M})^{\frac{1}{3}}$

盤面圓周運動是：橫移切線速度與垂直向心墜落速度的疊加。在盤面關鍵半徑時，向心墜落距離 L ＝ 1/2 橫移速度。兩種速度 V、L 的疊加剛好等於正圓運動。

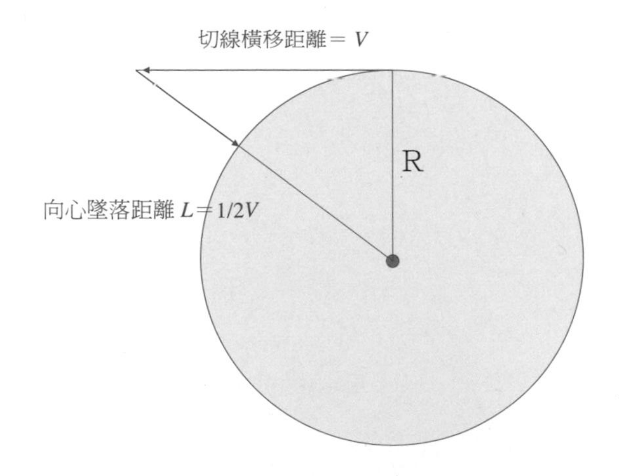

由右邊幾何圖形，可以看出半徑小於關鍵半徑時，幾何圖形的向心墜落距離 L 大於 1/2 速度。

由於切線速度大於兩倍的向心墜落距離 L，關鍵半徑裡面的微塵，不足以墜落到圓周線，因此會被切線速度帶出星體外面。

同樣質量體系半徑＝質量三次方根時：

❶ 以代數的角度會得出：半徑小於質量三次方根時，重力大於速度，因此質點會朝內集中。

❷ 以幾何的角度會得出：半徑小於質量三次方根時，墜落距離會大於重力，因此質點會往外分散。

為何相同的力學問題，我們由代數的角度和幾何方法，所得出的結論會剛好相反？

這個例子由於我們看到所有的質量體系都有積累的核心星球，太陽、地球、月球等星體存在的事實，半徑小於質量三次方根時：重力反比於半徑，半徑越小重力越大，星體內部所受到的壓力也越大。當然會同意第一例才正確。宇宙四維空間，宇宙物理法則通常是採用幾何來思維、計算，好過使用代數。

從這個例子我們會發現，雖然數學早已發展得很完善，但以應用數學角度看，物理中使用數學則還有很大空間可待發展。

10. 真理來自事實而非演說者的威信

舉這個例子的另一個目的是：當我們看偉大理論物理學家的著作時，別一廂情願被他的思路帶著走，這樣我們便無法發現他的盲點，自己也不可能有什麼驚世發現！我們應該要像 2500 年前佛陀所要求的那樣，佛陀說：

不要因為演說者的威信，就信以為真。
不要因為出自於聖典，就信以為真。
我們要將所聽到的一切像火試驗金一樣地去親自證實，
沒經過自己證實聽到就相信的叫做迷信，
經過自己證實之後才相信的叫做正信。

我們應該依佛陀所說的不可相信的標準，將所聽到、看到的經過自己親自證實才相信的方法，來研究物理，思考宇宙間的所有問題，採用這樣的方法，或許每個人都會有重大物理發現。

11. 從一美金，你能慧眼看出什麼？

我們觀察事物通常都很輕忽，誤以為自己早已看清楚一切。從一張最常見的一美金，你能慧眼看出什麼？

我們可以看到奇怪的神秘黃金黎明圖案！

真理像是個羞怯的女孩，很怕我們一直盯著她看！看得夠久、夠深、夠透徹，她便像沒穿衣服一樣，完全赤裸裸地把真相呈現在眼前。

對一個物理、幾何、代數問題一直盯著看，同樣地也會看出端倪來！

12. 十宮三角陣數學

例如：由巴斯卡三角我們看出了什麼？

從巴斯卡三角可發展出「十宮三角陣數學」，以新的排列組合求出各種不同的機率問題。

由巴斯卡三角也可以看出取代牛頓二項式求（a＋b）的n次方係數的一般式公式：

係數第一項永遠＝1⇒由係數第二項開始：$K=\frac{n!}{(n-m)!\times m!}$

m＝1, 2, 3, 4, 5, 6, 7, 8, 9, 10……

只可惜早在西元1788年就被11歲的數學王子高斯發現了這個公式，只能歎自己出生得比別人晚！

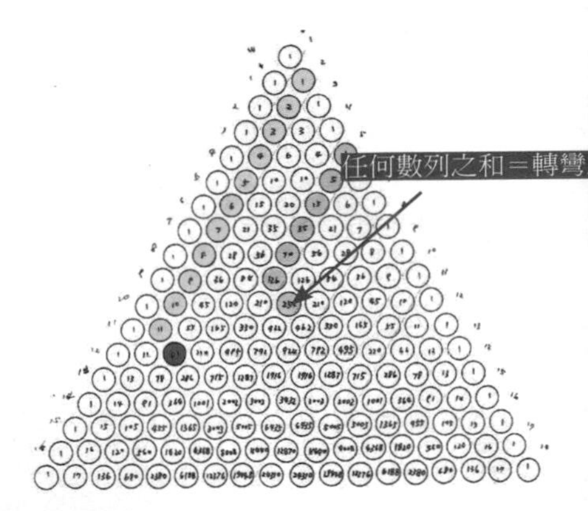

另類破解十宮三角陣

我們看到巴斯卡三角含有：已發現和還沒被發現的宇宙中所有數列，而任何數列之和必等於該數列轉彎的那個數！

13. 大自然總是會留一點重要的秘密，給有心人來發現。

英國物理學家克里克從小便立志成為物理學家，他每天很著急纏著媽媽說：

「怎麼辦？還不快長大！等到我長大後，所有的物理都被別人發現光了！怎麼辦啊？」

他媽媽總是回答說：

「你放心啦！

上帝一定會為你留下一個秘密，

等你長大以後，讓你來發現。」

克里克長大後，果然和美國物理學家共同發現了上個世紀中最重要的物理問題：DNA 雙螺旋構造。1953 年 4 月 25 日，華生和克里克在《自然》雜誌上提出 DNA 雙螺旋構造，成為解開生命密碼的金鑰匙。

以上列舉這麼多例子，是為了證明宇宙、物理、數學、幾何等，裡面有很多空間有待我們來發現。因為科學是一條永遠走不完的道路，我們離真理還有很長的路要走，還有很多真理等著人來發現。大家一起來，大家加油！

14. 學習在於引發學生獨立思考

《禮記・學記篇》說：如果一個君子已經知道，學習有沒有成效，全在於教授的方法是否得宜，然後，他才可以為人師表，教導學生。

君子正確開導學生的方法為：

單純授之以道，而不私加導引。全力以赴教學，而不抑制學生發問。啟發學生，而不示之以答案。

不私加導引，則融洽。不抑制發問，則和樂。不示之以答案，則引發學生思考。

融洽，和樂，引發學生思考……這便是最高境界的教學方式了。

君子既知教之所由興，
又知教之所由廢，
然後可以為人師也。

故君子之教喻也，
道而弗牽，
強而弗抑，
開而弗達。

道而弗牽則和，
強而弗抑則易，
開而弗達則思。

和易以思，
可謂善喻矣。

然而 2500 年來，我們的教育何曾真正達到《禮記 · 學記篇》的標準？一個老師教導學生，最重要的要點是能引發學生自發性學習和培養獨立思考精神。

15. 教育像是科舉制度的延伸

我們的教育像隋唐以來 1350 年科舉制度的延伸，讀書是為了通過種種考試，以取得功名職位。為文憑功名目的的教育方式，只會教導出功利取向的高材生。為考試取得文憑而讀的學習方法，與真正對知識好奇為求知而讀完全不同。科舉功利的讀書方法只能以加強數學公式計算、強背答案，使學生成為有死背功夫的超強考試機器。這樣的學習方法無法培育出有想像力的超級人才，也不能讓學子找到自己的狂熱摯愛，瘋狂投入自己的領域取得領先世界的成果。

自古以來，我們都是由體制外隱士以一個人的力量獨力發展出數學和物理科學的，也因為數理不受古代社會重視，因而由執數理的牛耳到逐漸落後西方世界。然而無論我們未來的經濟發展得多麼蓬勃，外匯存底有多少，如果科技不如別人，永遠不能成為第一流強國。

16. 沒有困境便沒有頓悟

僅僅在昨天，

我只是在生命穹蒼中無韻律顫抖的一個碎片。

而今天我知道，

我就是穹蒼！

生命是在我裡面有韻律地轉動的碎片。

——紀伯倫《沙與泡沫》

人為萬物之靈，是因為頂上有顆能思考的頭顱，能化被動為主動改變自己。2000 多年來，如同科舉制度延伸的教育觀念，已經到了非改不可的時候了。400 年來的物理史、數學史幾乎都是由西方所發展出來的。數學物理科技的軌道是由西方架設的，如果我們走在別人所架設的軌道上，要如何超越前面那輛火車？

急起直追的唯一方法是：

即時改變以考試為目的的教學方式，加強學子們獨立思考的能力。

盡早幫助他們找到終生最大的興趣，活出每一個獨特的自己。

為人師者應該以啟發學生，讓他們能活出每個人的價值為目標，引發學生思考、自發性的學習、瘋狂投入自己喜愛的領域，加上東方深厚固有文化、東方思考模式。或許，這才是在西方建立的軌道之上另架起一條高架的方法。那麼有一天，東方數學、物理、科技就有可能趕上西方世界，成為世界的主流。

最後的感言

以上《東方宇宙三部曲》三本書全部完成，這十年來閉關研究宇宙、物理、數學和將這十年研究所得出版，在此要慎重感謝李嗣涔、蔡聰明、余海禮、張達文、蔣正偉、林福來、董秀玉等人對我個人在物理、數學和目標方向上，不計條件的義務幫助。同時也感謝朱哲琴、蔡聰明、吳晶等人拔刀相助為我寫序。

對不起！沒有在各位的大名後面冠上任何頭銜，因為我始終認為：一個人夠偉大時，是不需要冠上頭銜來為自己增加光彩，就如我們稱屈原、王羲之、張載、牛頓、愛因斯坦、畢卡索、紀伯倫時，沒為他們加上頭銜一樣。我認為每一個有獨立思考能力、並依自己的興趣活出個人價值的人，都夠偉大到不需要頭銜。

謝謝你們！謝謝！

編者的話

眾所周知，蔡志忠先生是一位漫畫家。一位漫畫家出於興趣和愛好，竟然閉關十年去研究深奧的宇宙物理，創作出了《東方宇宙三部曲》。

十年時間，蔡志忠先生閱讀了無數物理學著作及科普書籍，畫了 16 萬張物理數學畫稿，更寫了 1400 餘萬字的研究心得。

姑且不論而今結集出版的《東方宇宙三部曲》是否成就了一位新的宇宙物理學家。對於蔡志忠先生而言，宇宙物理的奧秘是一種誘惑，更是一個挑戰，《東方宇宙三部曲》就是面對這種誘惑與挑戰謀略，揭開這一奧秘的努力。蔡志忠先生曾說過：「對我而言，思考、發現與求知的過程，就是最大的回饋。」

《東方宇宙三部曲》首先還是一位漫畫家的物理學著作，深奧的宇宙物理學或許不會因一位漫畫家的介入，而讓這門學科變得淺顯易懂，但一定會讓更多的普通人關注到這一學科，去引領更多的人思考東方哲學和宇宙物理。

《東方宇宙三部曲》結集出版的意義，可能也正在於此。

關於蔡志忠

1963 年，成為職業漫畫家。

1971 年，出任台灣光啟社電視美術指導。

1977 年，成立遠東卡通公司。

1981 年，拍攝卡通作品《七彩卡通老夫子》，獲台灣金馬獎最佳卡通影片獎。

1983 年，四格漫畫作品開始在台灣、香港、新加坡、馬來西亞、日本等國家與地區的報刊長期連載。

1985 年，被選為「台灣十大傑出青年」，其漫畫結集出版。

1986 年，《漫畫莊子》出版，蟬聯台灣暢銷書排行榜冠軍達十個月。

1987 年，《老子說》等經典漫畫、《西遊記 38 變》等四格漫畫陸續出版，譯本包括德、日、韓、俄、法、義、泰、以色列等，至今已達四十餘種語言，全球銷量更突破四千萬冊。

1992 年，開始從事水墨創作。《蔡志忠經典漫畫珍藏本》出版。

1993 年，口述自傳《蔡子說》出版。

1994 年，《後西遊記》獲台灣第一屆漫畫讀物金鼎獎。

1998 年，50 歲到香港參加埠際杯橋牌賽。原本即對物理、數學有著濃厚興趣的他，比賽結束返台，即宣佈閉關研究物理，並自創科學、數學公式。

1999 年，獲荷蘭克勞斯王子基金會獎，表彰他將中國傳統哲學與文學，藉由漫畫做出了史無前例的再創造。

2009 年，與商務印書館合作，出版最新作品《無耳空空學習日記》、《貓科宣言》、《漫畫儒家思想》、《漫畫佛學思想》、《漫畫道家思想》等圖書。

2010 年，在繼《可愛的漫畫動物園》紅本和藍本後，大塊文化推出蔡志忠閉關十年東方物理經典之作《東方宇宙三部曲》：《東方宇宙》、《時間之歌》、《宇宙公式》。

國家圖書館出版品預行編目資料

東方宇宙三部曲／蔡志忠著；
-- 初版.-- 臺北市：大塊文化，2010.12
冊；　公分
1.東方宇宙；2.時間之歌；3.宇宙公式
ISBN 978-986-213-217-3(全套：精裝)

1.物理學 2.宇宙 3.漫畫

330　　99022711